好的心理治愈只需一次

《了凡四训》的心理学解读

涂道坤 著

北京联合出版公司

图书在版编目（CIP）数据

好的心理治愈只需一次：《了凡四训》的心理学解读 / 涂道坤著. -- 北京：北京联合出版公司, 2022.10
ISBN 978-7-5596-6425-9

Ⅰ.①好… Ⅱ.①涂… Ⅲ.①心理学－通俗读物 Ⅳ.①B84-49

中国版本图书馆CIP数据核字(2022)第140901号

好的心理治愈只需一次：《了凡四训》的心理学解读

著　　者：涂道坤
出 品 人：赵红仕
责任编辑：夏应鹏
封面设计：柒拾叁号 13810257834
装帧设计：季　群　涂依一

北京联合出版公司出版
（北京市西城区德外大街83号楼9层　100088）
北京联合天畅文化传播公司发行
北京中科印刷有限公司印刷　新华书店经销
字数160千字　880毫米×1230毫米　1/32　7.5印张
2022年10月第1版　2022年10月第1次印刷
ISBN 978-7-5596-6425-9
定价：42.00元

版权所有，侵权必究
未经许可，不得以任何方式复制或抄袭本书部分或全部内容
本书若有质量问题，请与本公司图书销售中心联系调换。
电话：（010）64258472—800

本书由涂道坤
与妻子李潇
及女儿涂依一共同完成

推荐序

2016年，因翻译玛莎·莱恩汉的《DBT情绪调节手册》第一次与涂道坤先生见面。在那次谈话中，他就对我提及，他是读《了凡四训》缓解了自己的焦虑症。2010年，我在研究接纳承诺疗法（ACT）与佛学思想之间的关系时读过《了凡四训》，当时就觉得书中逆天改命的故事，是我国儒释道文化语境下认知行为治疗的经典案例。遗憾的是，我一直学习研究西方心理学治疗方法，未能在这方面做深入研究，国内也罕见对《了凡四训》进行心理学的解读，因此，我鼓励道坤先生将自己的心得写出来。

前段时间，当我收到道坤先生发来的书稿时，惊叹不已，一夜读完，甚是感慨。没想到因为六年前我随口说的几句话，他竟真的不辞辛苦，将其变成了一本佳作。他邀请我写一篇序文，我自当慨然承诺。

《了凡四训》是一部家训，分为四训：立命之学、改过之法、积善之方、谦德之效。但里面却藏着一个生动、精彩、深刻、成功的心理治疗案例。少年袁学海遇见一位姓孔的算命先生。孔先生给他算命，说他某年某月能考上秀才，某年某月能当县令，可惜只能活到53岁，一生还没有儿子。由于后来很多事情都得到了应验，袁学海便深信人的命天注定，无论如何也改变不了，于是变得沮丧、绝望，陷入了心理学所说的"习得性无助"，"终日静坐""不阅文字""澹然无求矣"，如同患上了现代人的"空心病""抑郁症"。

道坤先生在解读时，基于原著想象袁学海枯坐时的情形——"只见黑暗的屋子里一灯如豆，宛如皮影戏一般在墙上映照出一个人影——袁学海枯坐在室内，一动不动，像一尊木雕泥塑"。寥寥几笔，活脱脱刻画出了袁学海又丧又怪的形象，而墙上那道枯槁的影子分明是袁学海心理僵化的形象化表现。

接纳承诺疗法认为，心理僵化是导致心理疾病的根源，它由六方面组成，而袁学海"丧"的生命状态几乎完美地诠释了心理僵化的这六个特征。

他终日静坐，不阅文字，不正是经验性回避吗？

他将算命先生的话当成事实，深信不疑，不正是认知融合吗？

他执着于算命先生算出来的那个自己，忽视自身鲜活的存在，不正是固守概念化的自我吗？

他"澹然无求矣"，感受不到生命存在的意义，看不到未来的希望，不正是价值不清吗？

他眼里除了命数，看不见周围还有另外的风景，生命还有其他的可能，不正是脱离当下吗？

尤其突出的是，他从喜欢发怒到枯坐，从冲动到不动，不正是无效行动吗？

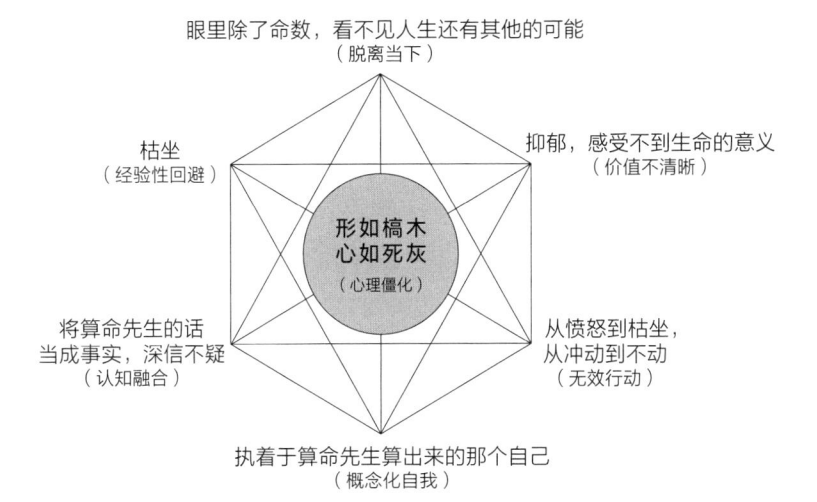

- 眼里除了命数，看不见人生还有其他的可能（脱离当下）
- 枯坐（经验性回避）
- 抑郁，感受不到生命的意义（价值不清晰）
- 形如槁木 心如死灰（心理僵化）
- 将算命先生的话当成事实，深信不疑（认知融合）
- 从愤怒到枯坐，从冲动到不动（无效行动）
- 执着于算命先生算出来的那个自己（概念化自我）

如果说枯坐是袁学海心理僵化的标准姿势，那么他在栖霞山中遇见云谷禅师，与他对坐三天三夜没合眼，也未曾说过一句话，以及之后那一场惊心动魄的对话，则是一场无与伦比的心理治疗。在这个过程中，云谷禅师说了一句非常厉害的话——"我待汝是豪杰，原来只是凡夫"。这句话与其说是贬损，不如说是当头棒喝，是激将法，是心理学上的无礼沟通，瞬间撼动了袁学海的僵化心理，同时给了他另一条崭新的希望之路——治愈内心，改变命运。

从此袁学海改名袁了凡，"终日兢兢，便觉与前不同"，逐渐摆脱"丧"的生命状态，扭转了颓废的人生。

我认为，云谷禅师对袁学海的治疗，本质上是打破心理僵化，获得心理灵活性。

云谷禅师的当头棒喝，让袁学海的认知与孔先生算定的"命数"脱钩，不正是接纳承诺疗法中的认知解离，打破概念化自我吗？

袁了凡每天谨慎小心，觉得自己与从前不一样了，不正是觉察当下吗？

他遇到别人诋毁他憎恨他，也能坦然接受，不以为意，不正是接纳生活中发生的一切，不评判吗？

他通过云谷禅师传授给他的功过格，以内心的价值标

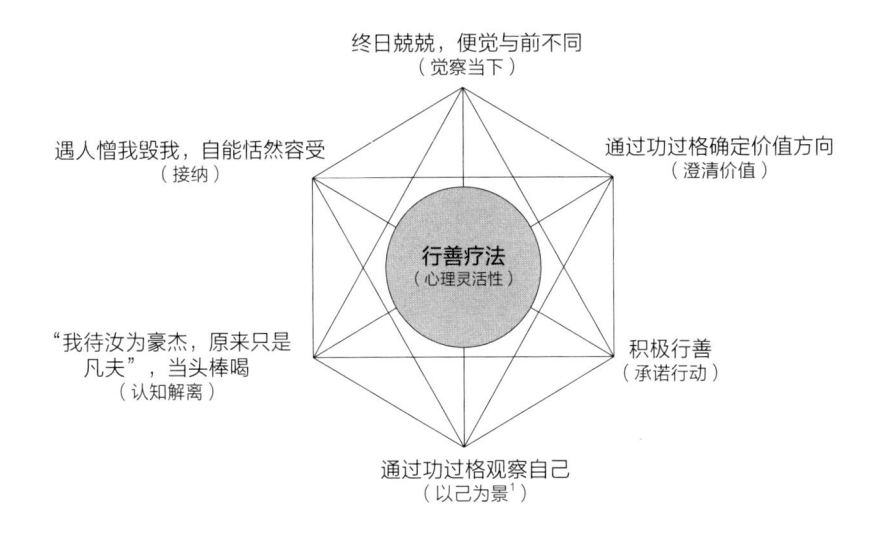

```
                终日兢兢,便觉与前不同
                     (觉察当下)
遇人憎我毁我,自能恬然容受              通过功过格确定价值方向
       (接纳)                            (澄清价值)

                    行善疗法
                   (心理灵活性)

"我待汝为豪杰,原来只是                      积极行善
  凡夫",当头棒喝                          (承诺行动)
     (认知解离)
                 通过功过格观察自己
                    (以己为景¹)
```

准衡量每日之行事,不正是"自我觉察""接触当下"的正念,以及"澄清价值""承诺行动"吗?

中国传统文化从来就不缺好的故事,缺的是好的解读。道坤先生在解读《了凡四训》时,沿着袁了凡的个人成长路线,用叙事的风格和心理学的解读逐步铺展开来,使得全书扣人心弦,回味无穷。我想,我一定会将此书连同《了凡四训》推荐给学习接纳承诺疗法的心理咨询师。

---

1 跳出自己,把自己当成观察的对象,即自我觉察。与概念化自己相反,又叫观察性自我。

道坤先生的解读不仅用到了接纳承诺疗法，还用到了认知行为疗法、辩证行为疗法、精神分析和意义疗法。书中处处珠玑，智慧闪耀，读来令人拍案。衷心希望此书能够帮助更多心理咨询师了解《了凡四训》的心理咨询价值，能推荐给来访的"躺平"者、"空心"者、"内卷"者、抑郁者、焦虑者、压力巨大者、人生迷茫者……让优秀的传统文化更好地滋养中国人的精神家园。

祝卓宏

2022 年 7 月于北京迎春园

自序

20多岁时,我第一次翻开《了凡四训》,立马被书中的故事吸引。那个算命先生太厉害了,竟能把袁学海的命算得丝毫不差。而更厉害的是栖霞山中的那位老禅师,他让袁学海与他一起静坐,三天三夜没合眼,也未曾说过一句话。之后,一番交谈,醍醐灌顶,轻轻松松就改掉了袁学海的命数。

首次读《了凡四训》,感觉故事很离奇,甚至有点魔幻,但对于那些逆天改命的原理与方法却懵懵懂懂,没怎么读懂。

快满30岁时,再读,似乎明白了一些。从小到大,我一直脾气急躁,容易冲动发怒。由于这些性格上的缺陷,不仅在单位吃了不少亏，让胆囊还长了息肉。一位老中医对我说，这个病是气性太大造成的，你得改。因此我又重读《了凡四训》。袁学海也曾是一个脾气火暴的人，后来却变得冷静、沉稳，我想看看他是如何改变的。

40多岁时，不知怎么回事，我突然害怕起坐飞机来。飞机平飞时感觉稍好一些，遇到气流，一颠簸，便担心飞机会掉下去。于是心跳加速，脸色苍白，双手紧紧抓住座椅扶手。那种巨大的恐惧和无助令我备受煎熬。

为了治愈飞行恐惧症，我开始狂读心理学书籍。

当我具备了一些心理学知识后，再回头读《了凡四训》，我被震惊了，发现《了凡四训》不仅是一个算命改命的故事，也不仅是一部家训，更是一个成功的心理治愈案例。里面有算命先生与禅师的较量，有洗脑与反洗脑、精神控制与反精神控制的角逐，更有一个灵魂的自我救赎。

于是我明白了，算命先生的话之所以灵验，不是他多么有本事，而是袁学海接受了他的心理暗示，被他精神控制。在精神控制下，袁学海逐渐变得悲观、颓丧、绝望，以至于患上了抑郁症，终日不读书、不学习，什么也不盼，什么也不干，差不多是一个废人。

同时，我也明白了，云谷禅师在栖霞山中与袁学海的对话，其实就是今天的心理咨询。所不同的是，云谷禅师通过一次聊天，不但让袁学海摆脱精神控制，还教会了他自我疗愈的方法。之后，袁学海改名袁了凡，重新构建生命格局，得以改变命运。可以说，袁学海之前面临的所有困境，皆是心理困境，而他命运的转变始于心理治愈。

第三次读《了凡四训》，不仅故事跌宕起伏、扣人心弦，云谷禅师与袁学海的谈话更是大开大合、惊心动魄，所具有的治愈力量，震古烁今，对于当下的我，以及我们，具有非凡的意义。

卢梭说，人生而自由，却无往不在枷锁之中。算命先生的预言，是袁学海的枷锁，而对很多人来说，原生家庭则是枷锁。在这些家庭中，父母插手孩子的方方面面，将关心变成焦心，把爱变成精神控制。孩子在压抑中长大成人，自我价值感极低，很容易被各种心理问题所困扰。

在一次团体心理治疗中，我遇到一位优雅的女士，不幸患有躁郁症。她说，自己这一生最大的不幸，就是摊上这样的父母：无论你做什么，他们都不满意，会指出你的不是并纠正你。他们口口声声说"都是为你好"，但那种动辄得咎、不被认可的感受，既让你紧张、害怕、抓狂，又让你羞愧、内疚，自卑到了尘埃里。

人渴望肯定，讨厌否定；渴望自主，讨厌束缚。精神压制如同天花板吊顶，封死向上空间，迫使你向下沉沦。这样的压制，不知道会制造出多少自卑的孩子、焦虑的丈夫、抑郁的妻子。也不知道在向下坠落的时候，有多少人战栗、挣扎、呼唤，希望有人能拉他们一把。

电影《无问西东》里，年轻漂亮的女子王敏佳被人羞辱、殴打、毁容，精神惨遭荼毒。那段时间，她一闭上眼睛，就感觉自己往下掉，一直往下掉，下面特别黑，犹如无底深渊。

同学陈鹏对她说："你别怕，我就是那个给你托底的人。我会跟着你一起往下掉，不管你掉得有多深，我都会在下面给你托着。"

生活中，每个人都需要有一个能给自己托底的人。心理治愈，是给人托底。但治愈你并托起你生命大底的并不一定是心理咨询师，他们也可能是你的父母、你的老师、你的朋友、你的闺密，还可能是一本书、几句话。当袁学海掉进命数的深渊，感到孤独、无助和绝望时，是云谷禅师的一席话，托起了他，让他的人生开始反转。而我在人生低谷时，是《了凡四训》托着我，才没有向下坠落。

如今，我决定写一本书，将自己读《了凡四训》的心得以一种感性的方式呈现出来。我以《了凡四训》为基础，虚构了一些场景、细节，也加入了很多自己真实的经历和感悟。

在该书即将完稿之时，回想起童年时的急躁、任性，年轻时的怨念、"躺平"，中年时的焦虑、恐惧，以及认知转变的点点滴滴，不禁感慨万千。

千言万语凝成一句话：命运从来就不是从外面走进来的，而是从内心走出去的，倘若心不受束缚，人生就不会设限。

愿我们每个人，都能活出心底的勇气、正义和良知，活出活色生香的自己。

目录

第一训　立命之学

第一章　一个很"丧"很怪的南方人　002
墙上一道枯槁的影子　002
一切要从那次算命说起　005
算命与自证预言效应　009
认命，可怕的习得性无助　013
乌鸦嘴：不好的心理暗示　017
最后一片叶子：好的心理暗示　020
你现在拥有的，是你过去暗示的　023

第二章　治愈的山谷　027
那种被理解的感受，哪怕只有一次也好　027

袁学海被困在了洞中 030

禅师，黑暗中的点灯人 033

一间禅房，两人静坐 035

好的静坐，心似不粘锅 038

袁学海的枯坐，从"伤"到"熵" 041

有一种接纳，叫呼吸同频 047

第三章　一场惊心动魄的对话，一次生命的重建 052

与对的人聊一次，治愈一生 052

"无礼沟通"的力量 059

曹德旺与换肾女：富有富的道理，病有病的原因 062

觉醒时分，重建生命格局 065

命运的飞镖，为什么有人躲不掉 068

禅师与算命先生的隔空较量 071

功过格：自我觉察的棋盘，生命的底盘 074

画符：不动念，即正念 078

念咒：内心的拐杖 082

第二训 改过之法

第四章　为什么改名可以改运　088
从一片落叶到一只鹰　088
"了凡"的治愈意义　090
改名字与打麻将换风　094
换一个词，换一种心境　096
掰起指头数心，清洗焦煳的人生　098
不脱内裤的良知：自我疗愈的起点　102
心存敬畏：戳破自大的泡沫　105
勇者的抉择：在"小死"中"大生"　107

第五章　所有荒诞行为的背后，都有一条心理暗流　109
牛人能看见原因背后的原因　109
吹牛：追求纸糊的优越感　112
尿床：在床单上刷存在感　116
所谓心理疾病，不过是人心苦涩的表述　119
洁癖，一种怪异的逃跑　121

选择性反应：我才是那个决定我自己是谁的人　125

心不受束缚，人生就不会设限　127

第三训　积善之方

第六章　行善——走出心理内卷　132

来了，拐点终于来了　132

貔貅心理：人心的超级便秘　135

盘古的隐喻：劈开闭合的认知　139

心理内卷与古墓派　142

生命的博弈，永远站在善的一边　147

第七章　行善的关键：真诚　152

"积善之家，必有余庆"的心理学依据　152

想得到美好的东西，自己先要变得美好　156

"罂粟人"：现代版的"勾践"　158

有一种奇迹，叫"精诚所至，金石为开"　162

呼吸证明你活着，共情证明你没白活　166

第四训　谦德之效

第八章　谦卑：冲破自恋的囚笼　170

风箱效应与中空的力量　170

突破自恋，是人生转折的关键　174

三界通吃的法则——谈谈谦卦　177

吉凶定律：谁违背谁倒霉，谁遵循谁受益　181

尾　声　一切心理治愈，都是为了活出良知　185

附　录　《了凡四训》　195

第一训

立命之学

除了你自己的道路之外，
条条道路都是宿命。

——梭罗《瓦尔登湖》

第一章

一个很"丧"很怪的南方人

墙上一道枯槁的影子

雨后的北京城，湛蓝的天空，悠悠的白云，空气中带着一丝甜味。穿过安定门内一条幽深的小巷，在两排古槐树的掩映下，坐北朝南，一座气势恢宏的大门映入眼帘，这便是著名的"集贤门"。

迈过这道门，就跨进了天下读书人仰慕的国子监。

国子监聚集了大明王朝最优秀的人才，能够来此深造，是莘莘学子梦寐以求的事情，而从这里走出去的人则意味着前程似锦——要么留京，在国家机关担任要职；要么到地方做官，主宰一方。拥有如此美好的未来，怎么能不让人激动、兴奋和自豪？

然而，在这些自我饱满、明亮，充满朝气与活力的个体中，却有一个很"丧"的南方人，他就像日本动漫大师宫崎骏《千与千寻》中的无脸男：一张脸似白板，没有血色、没有表情、麻木不仁；眼神空洞、呆滞，精神萎靡；身体仿佛被抽掉了脊梁骨，干瘪瘪、软塌塌、无所依，幽灵般游荡在校园内。

这个人叫袁学海，浙江嘉善人。

袁学海不仅很"丧"，而且还很怪。他性格孤僻，不愿与人交往，怕别人进他的房间，触碰他的东西，尤其怕别人坐在他的床上。每次自己不小心摸到稍微带点灰尘的东西后都要洗手，否则便万分难受。一天，脏兮兮的古槐树垂下一条青虫，俗称"吊死鬼"，不幸被他的手碰到，他大惊失色，痉挛般冲回房间，把自己关在屋子里，用清水将手洗了又洗。面对袁学海怪异的反应，同学们莫名其妙，面面相觑。

这件事过去几天后，一个晚上，当人们再次谈论起那天发生的"吊死鬼事件"时，一位同乡说，人的性格是会变的，过去袁学海并不是这样。在老家嘉善时，他很有活力，只不过那活力有点令人讨厌。那时他特别喜欢说话，尤其喜欢自我吹嘘。每次与同学聊天时，总是抢风头，别人连句话都插不上，而且性情浮躁，动不动就生气、发怒。

当大家议论得正起劲时，突然，一位同学大叫一声："不好，你们最近看见他了吗？"这时大家才发现袁学海失踪了，很多天没有看见他的踪影。莫非他一时想不开干出什么傻事？但愿他在自己房间里！众人的心一下子提到了嗓子眼，急急忙忙赶到袁学海的住处。只见黑暗的屋子里一灯如豆，宛如皮影戏一般在墙上映照出一个人影——袁学海枯坐在室内，一动不动，像一尊木雕泥塑。

"他好像在打坐，看上去很平静。"一位同学低声说道。

"不，你瞧，他双腿蜷曲，两只眼睛似睁似闭，胧胧然，了无生机，这是我见过的最自闭、最颓丧、最绝望的人了。"有同学说。

"是呀，一个人要绝望到什么程度，才会像这样宅在家中，切断与外部世界的一切联系，真是'哀莫大于心死'。"另一个同学回应道。

袁学海活成了墙上一道枯槁的影子，同情之余，人们心头不由得生起一团疑云：袁学海经历了什么，在风华正茂的年龄却失去了活力？他究竟遭遇了怎样的心理危机，才会如此封闭，心如死灰？

一切要从那次算命说起

袁学海很小的时候，父亲就去世了。母亲让他打消读书做官的念头，转而学医。母亲说，学医不仅可以养活自己，还能帮助别人，而且，通过一技之长享誉乡里，受人尊敬，也是父亲生前对他的期望。正所谓"不为良相，当为良医"。

当袁学海听从母亲的话，想要成为一名医生的时候，一天，他在慈云寺遇见一位老人。只见这位老人胡子长长，个子高大，仙风道骨，一看就不是一般人。袁学海对他肃然起敬。

老人注视着袁学海，给他相了一面，说："孩子，你是读书当官的命啊，如果明年去参加考试，一定可以考上秀才，为什么不去读书呢？"袁学海把情况一五一十告诉了老人，并询问他的尊姓大名以及从哪里来。

老人说："我姓孔，来自云南，是邵雍先生《皇极经世书》的正宗传人。从命理上看，你与我有缘，我这套学问应该传给你。"

袁学海觉得孔先生绝非等闲之辈，就把他请到家中，禀告母亲。母亲一听，也觉得遇见了奇人，便让袁学海好好接待，并试探一下他算得是否灵验。几番试探，孔先生算得都很准。母亲疑虑消除，态度转变，袁学海得以再一次萌生读书做官的想法。

正好袁学海的表哥沈称有一个朋友，叫郁海谷，在沈友夫家开私塾。表哥说，可以送他去那里寄读。于是袁学海便拜郁先生为老师，走上了科举的路。

孔先生给袁学海算命，说他第二年参加县一级的考试，排名第十四；参加市一级的考试，排名第七十一；参加省一级的考试，排名第九。第二年去考试，果然没错，都一一应验。

由于孔先生算得很准，袁学海便请他把自己一生的命数算一算。孔先生用《易经》推算后，详细告诉袁学海：哪一年考试得第几名；哪一年成为廪生，开始吃国家供应粮；哪一年当上贡生，成为顶级秀才，拿到进入国子监的录取通知书；在成为贡生后哪一年会去四川某县当县长；当县长三年半后，辞官还乡；在五十三岁那一年的八月十四凌晨在家中辞世。最后，孔先生还说，可惜一生没有儿子。袁学海把孔先生所算的这一切，恭恭敬敬、详详细细记录下来，牢记在心。

从此之后，凡是遇到考试，得到的名次，都不出孔先生所算。唯独有一件事例外，孔先生算袁学海成为廪生，按月计算，领取口粮九十一石五斗后，才能成为贡生，可袁学海领到七十多石时，就被省里掌管教育的屠学台（相当于现代的教育厅长）批准出贡。袁学海心中不免有些怀疑，认为孔先生在这件事情上没算准。

谁知没过多久，板上钉钉的事却发生了变化：屠学台调走了，一位姓杨的代理学台驳回了原来的批文，袁学海没能在那一年成为贡生，只能继续当廪生，领取皇粮。直到一年后，主持教育的殷秋溟学台无意间看见袁学海的试卷，感叹道："五篇策论，视野开阔，思想深刻，见解独到，就像五篇写给朝廷的奏议，怎么能让如此有才华的人蒙尘，终老于窗下呢？"于是批准出贡。从廪生到贡生，前后一算，袁学海领取的口粮不多不少，恰好九十一石五斗，正如孔先生所算。那一刻，袁学海仿佛被一道闪电击中，瞬间石化，失去了与生俱来的自由意志，彻底相信：一个人的际遇，以及贫富贵贱、吉凶祸福，都是有定数的，命里有时终须有，命里无时莫强求。

既然一切都是命中注定的，努力还有什么用呢？袁学海在认命的同时，感觉自己就像是皮影戏中的兽皮人偶，让命数这根线牢牢拴住，身不由己，只能被操纵着去扮演别人早就写好的人生脚本，所有的希望、求知欲和进取心都是自作多情，白费劲儿。

更令他沮丧的是，这么些年来，随着阅历的增加和认知水平的提升，他对自己的命数细思极恐——忙活一辈子，居然没中举，这不是暗示自己不被人待见，怀才不遇吗？以贡生的学历去当县长，只当了三年半，太短了，县太爷的椅子还没坐热就退休了；只能活53岁，还没有儿子，死后连一个端灵牌、摔瓦罐送终的人都没有，这也太凄凉了吧；更气人的是，死在八月十四这一天，这不明摆着自己躲得过初一躲不过十五吗？

但这都是命，无论如何也变不了。

每每想起这些，袁学海的心中便会涌起一阵刺痛和悲凉，他变得烦躁、易怒，常借酒浇愁，喝得烂醉如泥，让自己作为活人的感觉麻木。到了北京国子监之后，他对于生命的热情完全消退，不读书、不学习，什么也不盼，什么也不干，差不多是一个废人。唯一做的事，就是每天关上门，在屋子里枯坐。

颓丧的人"躺平"，那是对生活的悲观、无奈和绝望，而袁学海的枯坐又意味着什么呢？

接下来，他是会躺下去等死，还是在理解一切之后变得超然，在被命运碾压之后，重新站起来呢？

算命与自证预言效应

在迷茫的十字路口，在困窘和无助之时，很多人都渴望从算命先生那里得到一个关于自己未来的预言。有的预言很准，后来实现了；而有的则未必。那些实现了的预言，即算准了的命，究竟是怎么一回事呢？

让我们从一个心理学实验谈起。

美国心理学家罗森塔尔来到一所小学，宣布要进行一项关于孩子"未来发展趋势"的试验。忙碌了一阵之后，罗森塔尔将一份"最有发展前途学生"的名单交给学校，再三叮嘱要保密。可实际上，罗森塔尔根本没对学生进行测试、评估、筛选，所谓的名单是像抓阄一样随意挑选出来的。此时的罗森塔尔就像一个算命先生，预言这些学生将来会有出息，而校方则相信了他的预言。

尽管答应保密，但老师们受到罗森塔尔的心理暗示，对名单上的学生青睐有加，有意无意地通过提问、鼓励，以及微表情，让学生感觉到自己是被拣选出来的，将来有大好前途，因而更加珍惜自己，表现得越来越好。

八个月后，罗森塔尔对学生进行复试，令人惊讶的一幕发生了：凡是上了名单的学生，个个成绩都有了很大的进步，自信心和求知欲旺盛，性格也变得开朗起来，更乐于与人交往。不明真相的人认为罗森塔尔对学生的预测果然精准，但其实这只不过是心理学上的"罗森塔尔效应"，也叫"自证预言效应"，即：当一个人相信别人对他的预言，即便那个预言毫无根据，甚至是一个"谎言"，只要他听进去了，就会不由自主地按照预言来行事，最终令预言成真。

显而易见，在"自证预言效应"中，心理暗示起到了至关重要的作用。

心理暗示分为两种：他人暗示与自我暗示。由于他人暗示往往来自德高望重的权威人士，比如著名心理学家罗森塔尔、仙风道骨般的孔先生，所以又被称为"权威期待"。但值得注意的是，无论他人暗示来自多么有权威的人，如果你怀疑它、拒绝它，将其当成耳旁风，暗示也就失去了力量，丝毫不起作用。但是，如果你相信它、接受它，将他人暗示内化为自我暗示，情况就不一样了。

法国著名心理学家埃米尔·库埃被人们尊称为"心理暗示之父",他说,一旦将他人暗示转化为自我暗示,就会撬动潜意识,产生惊人的力量,推动命运走向自我暗示的方向。孔先生算命之所以准,就是因为袁学海将他人暗示转化成了自我暗示。

事实上,无论是用扑克牌、星座,还是抽签,无论看上去多么玄奥、神秘,算命本质都是一种他人暗示。接受他人暗示,相信算命先生的话,就会引爆潜意识,促使自己的命运与暗示的一致——这便是"自证预言效应"起作用的原因。所以,算命灵不灵,取决于你信不信。信则灵,不信则不灵。别人的预言再美,如果你不信,也不会流进心中,成为努力的方向和动力。

从另一方面来看,算命先生要让对方接受暗示,就必须契合对方的内心。孔先生算的命之所以令袁学海相信,也是因为这一点。

袁学海的父亲是一位医生,子承父业本来是顺理成章的事情。但袁学海11岁那年,发生了一件大事,表哥沈科(沈称之兄)考中进士,轰动嘉善。可以想象当时的盛况,唢呐声、锣鼓声、鞭炮声,还有大人们啧啧称赞的声音,久久回响在嘉善的上空,令袁学海羡慕不已。如果是别人中进士，对袁学海的影响可能没那么大，但偏偏是亲近的表哥，此情此景，给了他强大的心理暗示——"我要像表哥一样"。

在袁学海心中，像父亲那样当一辈子郎中实在非心所愿，但一想到表哥，他就心潮澎湃，两眼炯炯有神。然而，天有不测风云，父亲去世，家境困难，袁学海只得听从母亲的安排。而算命先生的心理暗示，不仅重新点燃了他心中的火焰，也让他将其心理暗示与表哥的心理暗示叠加在一起，获得了信心、勇气和力量，他毫不犹豫选择相信："孔先生算得对，我本来就是读书做官的命，为了这个预言，我会不遗余力。"不得不说，在这一点上，孔先生是拨动袁学海命运的人。

但后来情况却发生了变化，当袁学海把孔先生所算的终生命数铭刻在心的同时，他的认知和行为也就被限制，人生就像进入了一条隧道，眼里除了命数，再也看不见周围还有另外的风景，生命还有其他的可能。于是，一个怪圈出现了：袁学海信得越深，孔先生算的命就越准；而越准，他亦信得越深。循环往复，袁学海便把心理暗示升级为洗脑和精神控制，自己便成了一个提线木偶，失去了独立思考、自由想象，以及创造的能力，心理逐渐趋于僵化，从而患上了抑郁症。

正所谓，成也萧何，败也萧何，孔先生是点化袁学海的人，但同时，他也是把袁学海推向抑郁深渊的人。

认命，可怕的习得性无助

考秀才之前，孔先生算的命与袁学海的心一拍即合，他完完全全相信，没有二心。正因如此，他才会竭尽全力去自证预言。但考上廪生之后，袁学海却心思活泛起来。在内心深处，他希望孔先生算的命不准。如果不准，他就有可能早日升为贡生，有机会活得比53岁更长，中举人、中进士，更有机会当比县长更大的官，做更多的事。

在袁学海的憧憬中，科举是一扇门，推开后，"海阔凭鱼跃，天高任鸟飞"，自我得以彰显，生活精彩纷呈。但孔先生算的终生命数却像一条锁链，锁住了他的人生，限制了他的活力以及想象力，让他的生活了无生趣，干枯且苍白。人性的本质之一，是讨厌不确定性。不确定让人忧心忡忡，无比焦虑。但像这样每一步都严丝合缝被设置好的人生，则又成了一种桎梏，与囚徒无异。

袁学海在心中怀疑：孔先生算命算出来的那个人，真的是自己吗？自己是否有更多的可能性？是否可以自己说了算，过想要的生活，而非成为命数的傀儡？

袁学海是一个倔强的人，他没有屈服于母亲，当然也不想屈服于命运，他要凭借自己的力量逆天改命。为此，他起早贪黑，勤奋读书，每一次考试都很拼。皇天不负有心人，在一次考试中，他的文章得到了学台屠宗师的赏识，当即决定提拔他。那段时间，袁学海分明听见了枷锁咔嚓断裂的声音，他马上就要挣脱束缚，活出精彩自在的人生。

但世事难料，就在这个节骨眼儿上，屠学台离任，新来的代理学台不同意提拔他，令他备感沮丧。但即使遭遇这样的打击，袁学海依然不放弃，照样用功学习。但一年后发生的一件事情却彻底将其击溃。

那一天，通过不懈努力，袁学海终于拿到了升为贡生的通知书，但不知怎么回事，却始终高兴不起来，总觉得有什么地方不对劲儿。他翻阅领粮记录，查看米缸，惊愕不已，自己升为贡生的这一天，与孔先生所算的日子丝毫不差。这说明了什么？说明即使他用尽全身力气奔跑，也无法逃离命数的掌心。

自此开始，袁学海便陷入了心理学所说的"习得性无助"。

"习得性无助"来自一个著名的实验,心理学家把小狗关在笼子里,给狗施加电击。最初电击时,小狗忍受不了疼痛,会在笼子里狂奔、冲撞,试图逃离。但笼子无比坚固,任凭小狗折腾,皆无济于事。多次尝试之后,小狗从失败的经历中"习得"了无助和绝望的认知:无论如何,都逃脱不了。这样的认知一旦形成,即便后来实验人员打开笼子,小狗也不再想办法逃跑,而是趴在地上乖乖等待电击,痛苦地呻吟、颤抖。

不仅小狗,人也一样。当一个人发现,无论自己怎么努力,最后都以失败而告终时,就会意志消沉,精神瓦解,放弃所有努力,陷入深深的无助和绝望。

袁学海就是这样,他多么像实验中的那只小狗,而命数就是囚笼。无数次突围,无数次挣扎,无数次失败之后,他从中悟出一个道理:别跟命争,争也白争;与其徒劳无益地抗争,不如老老实实听天由命。

在现实生活中,习得性无助随处可见,比如那些"躺平"的人、认怂的人、唯唯诺诺的人、被认为没出息的人……他们都曾有过梦想和追求,并为之努力过、奋斗过,但最后却选择向环境低头,向现实屈服,向深渊沦落。

对于陷入习得性无助中的人，鲁迅曾做过这样的比喻：他们的人生就像苍蝇一样，向外飞了一圈，又飞了回来，停在原处，只得在颓丧中消磨时光。

电影《驴得水》中的周铁男，原本是位仗义执言、勇敢正义、不畏强暴的知识分子，但在特派员的爪牙朝他开了一枪之后，他屈服了、认怂了，像一条狗一样，跪在了特派员的面前，摇尾乞怜。

那一枪，子弹没有打中周铁男的肉身，却打断了他的精神脊梁。他英雄般的人设轰然坍塌，曾经饱满的人格瞬间萎缩。他对孙佳说："你知道子弹从脸上擦过去是什么感觉吗？我原来不比你横吗？佳佳，但这有什么用。"其潜台词是，当你被人拿枪指着头的时候，你就知道该怎么做人了。在周铁男眼中，抗争的孙佳很幼稚，就像一个小孩儿，而挨了一枪后的认怂和蜷缩，才是成熟。

人其实很脆弱，没有想象中那么坚强，我们很多人就像周铁男，也像袁学海，在"习得性无助"的笼子里被折断精神脊梁骨之后，如同变了一个人似的，再也不折腾、不努力、不反抗，耷拉着头，老老实实、规规矩矩、彻彻底底认命了。

乌鸦嘴：不好的心理暗示

从"算命"到"认命"，从"自证预言"到"习得性无助"，可见心理暗示对人的影响有多大。

我上大学时，有一次在空旷的阶梯教室，看见一位女同学在选座位。她在几个座位之间选来选去，来回跳动，很是活泼可爱。我脱口而出："一个跳来跳去的女人。"

听见这话之后，女同学花容失色，严肃地说："涂道坤，不许你胡说八道，你知道'跳来跳去的女人'是什么意思吗？"

当时，我只知道"跳来跳去的女人"是俄国作家契诃夫一个短篇小说的名字，但未读过，并不知道里面描写了一位多才多艺同时又心有不甘的女人，她与一位画家出轨，在丈夫与情人之间跳来跳去。女同学性格开朗，不是那种小家碧玉、随遇而安的女子，她很有才气，喜欢写诗，热爱自由。就不羁的灵魂来说，她与小说中的女人有些相似。或许正是因为这一点，我无意间说出的话才会给她强烈的心理暗示。这一暗示的杀伤力有多大，我竟浑然不知。

直到后来,她与班上一位男生闪婚闪离,并在毕业留言中自称"一个跳来跳去的女人",到那时我才知道,说者无意,听者有心。她把我那句话真的听进去了,并将其视为对她婚姻的预言。

再后来,她走南闯北,几次结婚,几次离婚,真的成了"一个跳来跳去的女人"。

在毕业三十年同学聚会上,这位女同学特意坐到我身边,对我说:"你当年那句话不晓得给了我好大的心理暗示!"听她这么说,再想想她的生活,我为自己阴差阳错的乌鸦嘴后悔不已。

我知道,这位女同学是一位有主见的人,我的那句话并不能决定她的婚姻,但是,如果在每次面临抉择时,她的耳边都响起"我本来就是一个跳来跳去的女人",这种"习得性无助",确实会成为压垮骆驼的最后一根稻草。

人自以为有主见,却无往不在心理暗示中,一根签、几句话、乌鸦叫、眼皮跳等诸如此类的事情,都有可能给人造成心理暗示。在生活中,我们随时随地都在给别人心理暗示,同时也在接受别人的心理暗示,这些心理暗示有正面的,也有负面的。负面心理暗示是乌鸦嘴,总能让不好的事情发生。

比如一位父亲对女儿说："这么简单的题都不会做，真笨。"

比如一位妈妈看着街边的乞丐，对儿子说："如果你不努力学习，将来就会像那个乞丐。"

尽管父母是出于无心或好意，但这些话无疑会给孩子输入不好的心理暗示，让孩子觉得自己真的很笨，或者有可能成为乞丐。

还有一些父母与孩子沟通时，有话不直说，喜欢暗示，结果造成不必要的误会，弄得亲子关系水火不容。我有一位朋友与儿子的关系闹得很僵，起因是他给儿子找了一份自认为比较好的工作，儿子犹豫不决。他劝说道："错过这个机会，你再也找不到比这更好的工作了。"听了这话，儿子坚决不去。后来，他又给儿子介绍了一位女朋友。儿子不愿意。他又劝说："错过了她，你这辈子再也找不到比她更好的人了。"朋友的讲述让我一下子明白了其中原委。作为父亲，朋友的本意是希望儿子珍惜这两次难得的机会，但话里话外却给儿子传递了这样的心理暗示："这份工作，这个女朋友，就是你人生的天花板，此生难以逾越。"作为儿子，感觉被亲生父亲如此设限，如此小看，内心那份自卑、孤独和愤怒，是难以言说的。从此，双方的隔阂越来越深。

我们常以为批评孩子要委婉,殊不知,那些拐弯抹角的话会让孩子感觉不真诚,甚至阴阳怪气,更容易给他们造成负面心理暗示,以及深深的伤害。如果你经常用这种方式暗示孩子、教育孩子,而非开诚布公、推心置腹,那么你大概率会成为孩子生命中的乌鸦嘴,一语成谶。

最后一片叶子:好的心理暗示

不好的心理暗示是黑色预言,会把人推向黑暗的深渊,而谈到好的心理暗示时,总会令我想到美国作家欧·亨利的小说《最后一片叶子》。

在纽约华盛顿广场西边,两位年轻的女画家苏和琼西合租了一间画室。一年秋天,琼西不幸感染上了可怕的肺炎,身子越来越虚弱。医生把苏叫到外面的走廊上说,琼西活下来的希望只有十分之一。

琼西躺在床上,看着窗外那堵沉闷的砖墙。一株很老很老的常春藤,盘根错节,几近枯萎,爬满了半边墙。深秋凛冽的寒风将藤上的叶子吹得七零八落,她心想:

"等这株常春藤上最后一片叶子掉落的时候,我也该一块走了。"

每天醒来后,琼西都会凝视窗外,数藤上的叶子,"12,11,10,9……"她低声对苏说,"现在越掉越快了,只剩下了5片。"

一天晚上,窗外下起了雨,细密冰冷,夹着雪花。第二天,琼西望向窗外,无神的眼睛有了一丝活力。看呀,经过漫长的风吹雨打,砖墙上竟然还挂着一片藤叶,那是藤蔓上最后一片叶子了,虽然锯齿状的叶边已经枯黄,但靠近茎部仍然是深绿色,它傲然挂在藤条上。

琼西以为那片叶子坚持不到明天,但很多天过去了,任凭北风怒号,雨水拍打墙面,那片叶子依然在那里。

那片生命力顽强的叶子给琼西带来了活下去的希望和力量,她的病一天天好转、痊愈。后来,她才知道那片叶子并不是真的,而是落魄老画家贝尔曼知道她的心思后,特意画上去的。

《最后一片叶子》生动诠释了心理暗示的方法,及其巨大的力量。

首先,心理暗示要起作用,形象化、情感化,是其关键,比如孔先生用领取粮食的石数暗示袁学海考上贡生的时间，就非常具体形象。再比如，琼西用最后一片落叶暗示自己生命的陨落，既有画面感，还带有悲情，如果任凭这种暗示蔓延，她将不久于人世。因为带有情感色彩的画面和行为，对潜意识的影响是巨大的，胜过千言万语。

其次，心理暗示不是说教，说教只会让人反感、排斥，就像小说中苏劝说琼西那样："别犯傻了，这棵老藤与你的康复有什么相干？""你不为自己着想，也要为我想想啊！你走了，我该怎么办？"苦口婆心的劝说尽管是正确的，却是积极的废话，对琼西没有任何影响。相反，老画家贝尔曼没有以理服人，他顺着琼西的心思，不动声色，在那个雨雪交加的夜晚，拿着画笔和颜料，爬上墙，画下了最后一片叶子。尽管叶子是假的，但给琼西传递的心理暗示却无比真实。

最后，不好的心理暗示给人带来打击、限制和压抑，而好的心理暗示是张扬人性，释放生命力，就像贝尔曼画的那片永不凋零的叶子。琼西在满目苍凉之际，看见那一抹傲然的生命之绿，内心该是何等震撼，感受到多么大的鼓舞和激励啊！

你现在拥有的,是你过去暗示的

自我暗示具有超凡的力量,可以带来好的结果,也可以带来坏的后果。

长期以来,我们被灌输了这样一个观念——人的意志是不可战胜的,但真实的情形是,当意志与自我暗示对立时,自我暗示总是无一例外打败意志。

例如,我从小输入的自我暗示是"世界很危险,一点也不安全",因而患上了飞行恐惧症。有一段时间,我尝试用意志克服恐惧,不断对自己说:飞机是世界上最安全的交通工具;数据显示,一个人即使每天坐一次飞机,也要 3223 年才可能遇上一次空难。但自我暗示的力量实在是太强大了,不管我用理智怎么说服自己,一上飞机,飞机一颠簸,我就会不由自主想象飞机坠落后的情形。不怕一万,就怕万一。万一飞机掉下去,我的女儿、我的老婆、我的亲戚朋友怎么办?我被灾难性的想象控制,成了自我暗示的奴隶,而非主人。

每个人都想成为生活的主人,结果却成了自我暗示的奴隶。

一个人只有成为自我暗示的主人，才有可能运用潜意识的力量掌控人生。

几年前，我与妻子发生激烈的冲突，婚姻陷入前所未有的危机，彼此都有离婚的打算，而且已开始商量财产分割的事情。一天中午，我独自回到家中，沮丧地坐在沙发上。突然墙上的结婚照"啪"的一声掉了下来，相框在地上摔得七零八碎。结婚照无缘无故掉下来摔碎，对于正在闹离婚的我来说，这无疑是一个不祥的预兆，预示婚姻破裂是天意，人力无可挽回。不然，好端端的照片挂在墙上，早不掉晚不掉，为啥偏偏这个时候掉呢？如果我将不祥的预兆转化为自我暗示，并以此撬动潜意识，我们的婚姻势必分崩离析。

看着摔烂的相框，照片中的妻子和我笑得那么灿烂、那么幸福，再回想几十年来一起走过的风风雨雨，是多么的不容易，我百感交集，眼睛湿润了。于是我给自己输入了一个完全不同的心理暗示——我暗示自己，结婚照掉下来，相框摔得支离破碎，是上天在试探我、考验我，看我是不是愿意亲手将它们粘起来，重新挂到墙上去。如果我愿意，婚姻就不会破裂，破镜就可以重圆。我一边流着泪，一边找来强力胶，小心翼翼粘连破碎的相框，整整粘了一个下午。

傍晚，妻子回到家，我刚好把相框粘接好。

看到相框，她说："怎么？结婚照摔碎了。"

"是的，从墙上掉了下来，不过，我已经粘好了，没有什么东西是不能弥合的。"我说。

妻子一怔，有所触动。看得出，我粘连结婚相框这件事，以及所说的话，给了她好的心理暗示：不管之前说过多少伤感情的话，但在内心深处我是不愿离婚的，我们的婚姻就像掉下来的结婚照，即使相框摔得四分五裂，只要自己愿意，依然可以粘连起来，完好如初。

我流着泪粘连摔碎的结婚相框这个举动，不仅触碰到了自己的潜意识，也触动了妻子。就这样，一个不祥的预兆，被转化为好的自我暗示，成了那次婚姻危机的转折点。

很多年过去了，现在我与妻子的感情越来越好，婚姻越来越稳定。

人是自我暗示的产物。我们真的会变成自己暗示的那样。我们暗示自己好，自己就会真的变好；暗示自己坏，自己就会变坏。我们现在的一切，都是自己暗示的结果。袁学海的经历就是如此，他暗示自己是读书做官的命，最后考上了秀才;他暗示自己只能认命,就变得消极、无助、绝望,以至于活成了墙上一道枯槁的影子,成了一个又"丧"又怪的人。

每个人的精神枷锁都是通过自我暗示戴上去的,如果自己不愿意,没有人能把枷锁给你戴上。但是,对于已经戴上枷锁的人来说,比如袁学海,他该怎么办呢?他如何才能打开枷锁,获得治愈呢?

第二章

治愈的山谷

那种被理解的感受,哪怕只有一次也好

每个人都向往自由,渴望有一个不羁的灵魂,没有人愿意被束缚,苟活在精神控制的镣铐中。但实际生活中,总有一些人像袁学海一样,一个大活人,却听信别人的话,相信负面的心理暗示,结果让别人把自己的命算死了,把人生逼进了死胡同。

人非木石,绝不会无欲无求。谁不想要更好一点的人生?谁又愿意屈服,自甘沉沦?虽然袁学海认了命,但他不羁的灵魂一息尚存,他想要摆脱精神控制的希望之火从未熄灭。

在北京国子监学习了一年之后，确切地说，是枯坐了一年、抑郁了一年之后，袁学海南归，即将进入南京的国子监。入学之前，他想去南京郊外的栖霞山拜谒一个人。

秋天的栖霞山，漫山遍野，层林尽染，犹如一道霞光落在这里。此时进山，仿佛走进一幅画，清风拂山峦，人在画中游。但对于袁学海来说，再美的景色，也没有心情欣赏。他活着，没有快乐和生气，只剩下一个躯壳，里面装满哀怨、叹息。

躯壳人袁学海，一步一步机械地行走在蜿蜒曲折的山间小道上。

他走呀走，落叶吹进山谷，急促的脚步在寻找归宿。

他走呀走，铺天盖地的红叶在阳光的映照下，红似烈火，像燃烧的欲望，像四射的激情。然而，心灰意冷的袁学海视而不见，却独独听见子规的啼叫，声声哀婉、凄厉。子规啼血，撕开了袁学海的伤口，那绵延不绝的红叶，在袁学海的眼中，分明是心头滴不尽的血。

他走呀走，来到一个湖边，清澈见底的湖中可见鱼儿在畅快地游，还有飞鸟投下的影子，而袁学海在湖水中却看见了一张憔悴的脸，一个伤心的人。很多年了，他的悲伤无人能懂，背后还被人议论、嘲笑。"知道吗，咱们这里来了一个很'丧'很怪的人。""他真的会那样做吗，太不可思议了。""对于这种人，还是离他远一点好。"

虽然袁学海也有一些要好的朋友，这些朋友不会在背后议论他，却会当面给他上课。"你呀，就是负能量太多，应该积极起来。""袁兄，大好前程触手可及，不要颓丧，要多点正能量。""格局大一点，没有过不去的坎儿。"……尽管这些朋友出于好心，但他们没有经历袁学海的苦，又怎能理解他的痛。一直以来，袁学海都渴望倾诉，渴望把自己的遭遇说出来，有人能够接住。这种被理解的感受哪怕只有一次也好，但从来就没有。一次，与一位朋友喝酒，乘着酒兴，他刚开始倾诉，对方就说："又来了，袁兄，你难道就不能积极一点吗？"刹那间，袁学海鼓起勇气敞开的心，被晾在了风中，尴尬、羞愤。从那以后，他不再向朋友表露真心，开始封闭自己，成了一个孤独的人。

当然，袁学海没有倾诉的对象，不能怪身边的朋友，因为倾诉就像呕吐，那些呕吐物肮脏、恶臭，令人极不舒服。如果不是出于深深的爱，谁愿意去承接别人呕吐的污秽物？如果没有接纳的力量，谁又能真心倾听？生活中，即使是最亲最亲的亲人，也总是给我们太多的说教和指责、太少的包容和倾听。没有倾听，无论四条腿怎么努力，也不能使两颗心更接近。而现在袁学海跋山涉水去见的那个人，能倾听他吗？在这个世界上，他的无助、他的孤独、他的绝望，真的能找到一个人倾诉吗？

袁学海被困在了洞中

袁学海去拜谒的是一位禅师，别号"云谷"，就像他的名字一样，云谷禅师住在栖霞山白云深处的一个山谷中。

穿过一片茂密的树林，一路向上，山势越来越陡。站在下面往上看，岩石如刀削斧砍一般，直耸云天。袁学海像一只卑微的蚂蚁在断崖绝壁的缝隙中缓慢爬行，更像是一条毛毛虫，在用自己的身体丈量地球。

爬行了一段时间之后，突然，一块巨石挡住了去路，袁学海想，难道这是一条死路？仔细一看，岩石中间是空的，似乎可以穿过。袁学海钻进岩石，里面阴森森的，寒气逼人。越往里走，越黑。在伸手不见五指的黑暗中，他渐渐失去了方向感，不知道该往何处走，也不知道身边是否藏匿着蝙蝠和蟒蛇之类可怕的生物。这时袁学海才发现，自己被困在了洞中，找不到前路，又迷失了后路。在黑咕隆咚中，他误把一根藤蔓当成一条蛇，吓得魂不附体；而当他认为自己无论如何也出不去了时，又不禁感到后悔和沮丧。黑暗就是这样，总是会扭曲认知，让人在虚拟的恐惧和颓丧中变得神经过敏，行为夸张、反常。

袁学海在黑暗中一点点挪动脚步，突然，远处出现了一道微弱的亮光。他向亮光走去。亮光越来越大，他看清楚了，是岩洞顶上一条裂缝透下的阳光。借着那一丝阳光，袁学海看见了外面的一线天，看见了脚下的路，也看见了青灰色的岩石上赫然刻着三个大字"天开岩"。他心头一震，这会不会是一个吉兆，预示自己的命运也是如此，黑暗将散去，光明将来临，天无绝人之路？

袁学海在洞中的这番经历，生动诠释了心理疾病的特征，以及治愈的过程。

著名心理学家艾瑞克·弗洛姆把患有心理疾病的人比喻为"洞穴人"，意思是说，这些人生活在黑暗的洞穴中，就像袁学海被困在洞中一样，什么也看不见，难免不认知扭曲，把藤蔓当成毒蛇，也难免不行为怪异，性情乖僻，情绪抑郁。

从某种意义上来看，抑郁，是感官的黑暗。抑郁中的人眼睛看什么，都如同黑白电影，失去了世界真实的色彩；

耳朵听什么,背景音乐都是凄凉的;嘴巴吃什么,都味同嚼蜡,没有感觉,一点也不香……总之,感官黑暗让他们感觉不到自己的存在,觉得人生毫无意义、毫无价值,被无边无际的空虚吞噬,很是绝望。同时,带着黑暗的感官走进人群,与人交往,很容易导致人际关系的混乱和紧张,这又反过来加重了他们自身的绝望。

可以说,袁学海就是这样的"洞穴人",生活在感官黑暗中,极度孤独和悲凉。

精神分析认为,心理治疗的目的,是使潜意识成为意识。潜意识好比一个深不见底的溶洞,漆黑一片,陷在里面的人无知无觉、恍恍惚惚、行为反常,甚至疯狂。而使潜意识成为意识的过程,就像是引入一道亮光,照进黑暗的洞穴,看见潜意识中的想法、欲望、情感,以及幽微的人性。看见意味着醒悟,不再糊里糊涂,不再认知扭曲,不再感官黑暗;意味着意识拓展了,心智成熟了;意味着走出洞穴,获得治愈。

心理疾病的特征,是生命掉进了潜意识的黑洞,而心理治愈的过程,则是穿越潜意识的黑洞,内心被照亮、被看见,走出黑暗的洞穴。

袁学海走出了天开岩的黑洞,但是,他是否也能走出抑郁的黑洞呢？

禅师，黑暗中的点灯人

袁学海不是第一个来拜谒云谷禅师的人，当然也不是最后一个，在他之前和之后，还有很多像他一样伤心、孤独和绝望的人，不远千里，跋山涉水来到此处，渴望获得治愈。

或许人们心中一直存在一个疑问：禅师毕竟不是心理治疗师，他能治愈袁学海的抑郁症吗？禅师与心理治疗师虽然分别属于两大不同体系，但在照亮内心方面，却殊途同归。禅宗所说的"开悟""明心见性"，很大程度上，就是使潜意识成为意识。而禅师，原本就是黑暗中的点灯人。如今，将禅学与心理学相融合，已经成了西方心理学发展的一大趋势。前面提到的心理学家艾瑞克·弗洛姆很早就致力于把禅引入精神分析中，而美国著名心理学家、辩证行为疗法的创始人玛莎·莱恩汉本身就是一位禅修大师，她总结了一整套黑暗中的点灯法。读她的书，就像读通俗版的《金刚经》。

袁学海继续往前走,渐渐把天开岩的黑洞抛在了身后,不过他心理上的黑洞依然存在,迫切需要有个人来点亮心灯,看见出路。袁学海等这个人等了很久,也找了很久。现在终于时空交集,他很快就要见到生命中最重要的人了。

袁学海边走边想,云谷禅师会是怎样一个人呢?

关于云谷禅师,他听说了很多故事。

有人说,云谷禅师是一个怪人,最早住在南京城内,三年足不出户,没有人知道他。有一次到栖霞寺,看见寺庙荒废,一片瓦砾。了无人迹的大殿,杂草丛生,兔子、狐狸在此筑起巢穴。夜深人静、万籁无声之时,云谷禅师站在瓦砾中,清风徐徐,吹动僧衣。虽然寺庙荒芜,但这里的山、水、森林,这里的恬静与幽美,却深深吸引了他。于是他便在千佛崖下结庐,住了下来,拥有了属于自己的太阳、月亮和星辰。

也有人说,他是一个无分别心的人,对富人、穷人、官员、平民都一个样。据说,一个漆黑的夜晚,有个小偷摸了进来,偷走了他的东西。但不知怎么回事,小偷走了一个晚上也没有走出千佛崖,最后被当地农民抓了回来。云谷禅师不仅没有惩罚小偷,还给他吃喝,并让他把所有东西都拿走。

还有人说,他是一个脱俗的人。有一位大官,游览荒凉的栖霞寺,觉得云谷禅师气度非凡,绝非俗人,就在山中与他交往了两日,对他佩服得五体投地。临别之际,大官对禅师说,自己想重修栖霞寺,请他当住持。云谷禅师坚决辞谢,推荐了别人。后来,栖霞寺得以修缮,香火旺盛,人来人往,清幽不再,云谷禅师便移居到了白云深处的"天开岩",一如当初,形单影只,却拥有属于自己的日月星辰。

尽管故事很多,但真正的云谷禅师究竟如何,袁学海并不清楚,不过,他相信,与白云为伴、山谷为伍的,一定不是俗人,也一定可以解开他的心结。

穿过险峻的岩石,袁学海终于在天开岩下看见了一间禅房,他缓缓向禅房走去。

一间禅房,两人静坐

袁学海离禅房越来越近。

只见禅房周围有三棵树,一棵皂荚、一棵桂花树、一棵红枫。一位老者坐在洒满阳光的门前,坐在三棵树中间,任落叶飘零。在没有打扰的宁静中,他观察着、倾听着、感受着、冥想着,鸟雀在树上叽叽喳喳唱歌,不时悄悄地掠过禅房。

这是一幅多么富有深意的画面啊!

老者与阳光、树木、鸟雀融为一体,感受着大自然血管中的每一次脉动。

虽然攀登珠穆朗玛峰可以激起人崇高的敬畏感,凝视波涛汹涌的大海可以引发人无限的遐想,但如果一个人可以从一抹阳光、一片落叶、一朵小花中读到生命最深的存在,心灵就会诗意般敞开[1],那颤动的情感——你可以称为爱,也可以称为慈悲——无限延伸,具有接纳一切的力量。

听见脚步声,老者抬头,目光柔和、亲切,看见灰头土脸的袁学海,就像见到一位久别重逢的人。一阵清风吹过,在浓郁的桂花香气中,袁学海看见了自己要拜谒的人。与想象的完全不一样。在袁学海的想象中,云谷禅师有一双锐利透彻的眼睛,深嵌在眼窝里,一眼就能看穿来访者的心。但面前这位老人却慈眉善目,脸上布满皱纹,是那么的纯朴、自然,就像隔壁邻居大爷,却又蕴含着无法抗

---

[1] 《禅与心理分析》。

拒的亲和力。

袁学海记得第一次看见孔先生时,感觉对方犹如神仙一般,不由得心生敬畏。后来知道他不是神仙,是半仙,但即使是半仙,袁学海在与孔先生相处时,也一直处于仰视的位置,始终是那个被俯视、被规范的人。对于孔先生,袁学海的感受五味杂陈。能考上秀才,袁学海对他充满感激,对他精准的算命即敬重又害怕,而当他被命运框定后,又不免产生不满,甚至怨恨。

而第一眼看见云谷禅师,袁学海的感受完全不同。云谷禅师身上没有半点神迹,虽然年长几十岁,却一点架子也没有,如此平易近人、和蔼可亲,让他有了一种强烈的想要倾诉的冲动。

袁学海跟随云谷禅师一前一后进入禅房,迫切想将这些年来的孤独和绝望,一股脑倾吐出来,同时渴望得到疏导。但云谷禅师一言不发,没有问他姓甚名谁、来自何处、有什么烦恼和痛苦,只是拿来一个蒲团,让袁学海坐下,与他一起盘腿静坐。

经过几天长途跋涉,袁学海最终定格成这样一幅画面:在栖霞山天开岩下,在一个简陋的禅房内,一老一青壮,两个人默默无语,静坐在一起。世界安静了下来。

好的静坐，心似不粘锅

每当有人来拜谒云谷禅师时，不管来访者是谁，身份、地位如何，只要进屋，禅师都会扔来一个蒲团，让他静坐。

褪去神秘的外衣，禅宗的静坐，是洞察生命本质的艺术，可以最大程度提升人的觉知力，看见真实的自己、真实的世界，结束人生的迷糊状态。

人这一生或多或少都会有一些犯迷糊的时候，但最可怕的犯迷糊，是找不到自我，活成了别人的模样。就像袁学海，他听信算命先生的话，活了几十年，却与真实的自己失联，与所有丰富的可能性断线，越活越绝望。他多么像一个走夜路的人遇到鬼打墙——意识恍惚、感知混乱、分不清方向，只能在原地转圈。

云谷禅师让袁学海一起静坐，是要让他明心见性，冲出鬼打墙的怪圈。因为静坐可以点亮心灯，获得觉知，治愈心理上的混沌。

但一个大大的问号飘在空中：既然静坐如此管用，为什么袁学海静坐了一年多，却越坐越孤独，越坐越抑郁呢？

在回答这个问题前,先让我们通过朱熹的小诗《观书有感》来看一看,有治愈作用的静坐究竟是什么样的。

> 半亩方塘一鉴开,
> 天光云影共徘徊。
> 问渠那得清如许?
> 为有源头活水来。

治愈性的静坐,内心是开放的,像一池清水,能照见一切、接纳一切,却不执念。当一个念头、一种情绪飘来时,无论是反感的,还是喜欢的,静坐中的人都不排斥,或试图抓住,而是任其在心中停留、徘徊、离开。那些念头和情绪犹如天光云影倒映在池塘一样,自由地来,自由地去。这就像你坐在码头上看渔船,一艘艘渔船进进出出,来来往往,进入眼帘,又离开视线。那些船有的叫"悲伤号""绝望号",有的叫"恐惧号""焦虑号",有的叫"欢乐号""幸福号"……你不带好恶地静静注视着、观察着,不评论哪艘好哪艘不好,也不跳上其中任何一艘船离开。你什么也不做,哪里也不去,只是默默凝视。

朱熹将上述心理状态比喻为镜子般明亮的一塘清水,

而心理学家、禅修大师玛莎·莱恩汉用的比喻更生动，也更接地气。她说，治愈性的静坐就像不粘锅，你用不粘锅炒了很多菜，却不会把菜粘在锅上，让菜变煳，让锅变脏；同样，在治愈性的静坐中，尽管有无数念头和情绪，却不会在心中粘连、滞留。

用"不粘锅之心"观察流动的想法、感觉和意念，这个过程，能带来觉知。长期觉知每一个当下的流动性，不评判、不纠缠、不执着，让当下来去自由，我们就能感受到，人之心和宇宙之心其实是相通的，我心即宇宙，宇宙即我心，天地与我并生，万物皆流。此种心理状态就是朱熹看见的"源头""活水"，心理学家所说的"心流"，禅宗所说的"开悟"。当内心洞开，生命之流与宇宙洪流相交汇时，心理障碍冰消雪融。

尼采说："人是一条污秽的河流，为了不弄脏自己，你必须成为大海。"

治愈性的静坐恰似静水流深，悄无声息，通向大海。

与之相比，袁学海的静坐有什么不同？它是如何形成的，又有哪些危害呢？

袁学海的枯坐，从"伤"到"熵"

自从认命之后，袁学海对外没有了追求，但内心却被一股悲凉的情绪所笼罩。白天尚能挺住，一到晚上，就焦虑不安、恍恍惚惚，睡眠很浅，很多时候，还整宿失眠。

去年秋天，在赶往北京国子监的途中，一路往北，天气越来越凉，秋风萧瑟，树叶一天天变黄，凋零。袁学海悲凉的情绪日益加重。此时，如果拿来一张"伯恩斯抑郁状况自查表"，让袁学海回答下列问题：

你是否感到悲伤或情绪失落？
你是否感到无助？
你是否觉得自己无用？
你是否感到孤独？
你是否失去动力？
你是否对工作或其他活动没有兴趣？
你是否失眠？
你是否有想结束生命的念头？

....

那么，袁学海无疑会被确诊患上了中到重度抑郁症。

一天晚上，袁学海在一座不知名的山中留宿，入睡之后，他做了一个噩梦。在梦中，他遇见了一根又长又粗又黑的藤蔓，慢慢伸向他，缠绕他的脚；然后一点点向上，缠绕他的大腿、腰部、颈部。他动弹不得，呼吸越来越困难。就在藤蔓将要缠绕他的双眼时，突然之间，袁学海看见藤蔓变成了一条巨蟒，面目狰狞，睁着可怕的眼睛，吐着蛇信，吓得他大声呼喊，却没有人回应……他从梦中惊醒，一身冷汗。

醒来之后，袁学海听见山中下起了小雨，听见雨中有果子从树上掉落的声音。他想起了唐朝诗人王维《秋夜独坐》中的诗句："雨中山果落，灯下草虫鸣。"同样是这样的秋天，同样是这样的雨夜，王维独自坐在空堂内，看见自己两鬓斑白，一天天老去，死亡慢慢逼近，感到无比孤独、无助和悲凉。为了解脱痛苦，王维皈依佛门，开始坐禅。

袁学海也想像王维那样，用坐禅来抵御内心的抑郁。

最初静坐时，袁学海把注意力集中在呼吸上，努力不去想噩梦的事情，但就像那个"粉红色大象"的心理学实验一样，测试者被告知不要去想屋子里有一头粉红色的大象。结果发现，一旦脑子里输入这个信号，每次控制不去想的时候，粉红色的大象都会在心中被刻得更深。弗洛伊德将这种现象叫作潜意识中的"无否定"。即，人努力不去想某个形象，那个形象在大脑中就越活跃。同样，人越想否定、甩掉一种想法和情绪，它们就缠绕得越紧。袁学海极力想摆脱噩梦所带来的恐惧，但恐惧却越来越强烈。

我们说，好的静坐不控制任何进入心中的想法和情绪，但奇妙的是，当我们不试图控制，只是静静观察这些想法和情绪时，它们就能自由流动，自行离开。无论恐惧，还是悲伤，它们都像一匹烈马，任何形式的控制，都是将其限制在一间憋屈的隔栏中，势必变得狂野。相反，如果不去招惹、纠缠，只是静静观察，就相当于将烈马放在了辽阔的草原上，任其奔跑，过不了多久，它们就会慢慢安静下来。

但遗憾的是，袁学海的静坐并不是这样，他的心是一张蜘蛛网，那些飞过来的想法、情绪和意念，就像蚊虫和飞蛾，一粘上，就无法逃脱，还浮想联翩，牵扯出一连串的思绪、回忆和幻想，东拉西扯，弄得心里一团糟。

…………

不知静坐了多久，雨停了，一只蝈蝈从树上发出"唧唧（急急）……唧唧（急急）……"的声音，那声音在袁学海听来就像是哀鸣，似乎在告诉他剩下的时间不多了，寒冬来临前，它将死去。而草丛中的蟋蟀不时与蝈蝈共鸣，发出"吱吱（知知）……吱吱（知知）……"的叫声，似乎全然知道自己的死期，却又无可奈何。在密集的此起彼伏的哀号中，袁学海触景生情，想到自己的死期，这些虫子的命运不正像自己短命的一生吗？这个想法一出现，巨大的悲凉顿时袭上心头。当悲凉的情绪愈演愈烈，即将把袁学海吞噬之际，他便竭尽全力关闭自己的感官系统，逃避。

经过几个晚上的挣扎，袁学海终于成功了，他通过静坐进入了一种自闭状态：一念不生，心犹如结冰的湖面，风吹不起一丝涟漪。

事实上，很多遭受沉重打击、受到外界强烈刺激的人，都容易像袁学海这样，封闭感官系统，对外面的一切充耳不闻，对内在的感受无知无觉，进入一种"形如槁木，心如死灰"的状态。通俗的说法叫走火入魔，禅宗叫"枯禅"。枯木没有生命，没有"活水"，不能吐故纳新，不能开花结果，坐的时间越长越死气沉沉。

这种枯坐会带来怎样的危害呢?

心理学大师斯科特·派克在《少有人走的路》中谈到"熵"这个概念。所谓"熵",是指一种混乱、无序的死寂状态。根据"热力学第二定律"——在一个孤立的系统中,如果没有外力做功,其总混乱度(熵)会不断增加。例如,一盆热水单独放在那里,就是一个孤立的系统,如果不再加入热水,这盆热水会慢慢变凉。一池清水,如果没有活水注入,就是一个孤立的系统,慢慢地,就会变成一池浑浊的死水。

任何一个系统,无论是生命的,还是非生命的,只要它孤立,没有外力加入,就会逐渐趋于混乱、无序、死寂。相反,任何一个孤立的系统,只要开放,就有活力、有希望、有未来。人的每一次成长,都是打破封闭,走向开放。

婴儿在刚出生的6个月里,处于心理学上的母婴共生阶段。这个时期,婴儿大多数时候都在睡觉,就像一个封闭的"鸟蛋"。英国心理学家约翰·鲍比将6个月前的婴儿比喻为一个混沌未开的"茧"。只有突破"茧"的状态,婴儿的意识才会成长,否则就是巨婴。

6个月后,婴儿逐渐破茧而出,有了自我意识,开始认生。之后伴随着意识的成长,一天天长大,最后成为一个独立的人。独立，意味着可以自食其力，在某种意义上，这也意味着自我的封闭。长期生活在封闭的"自我"中，只会感到孤独和寂寞，而爱情的出现，则打破了封闭的系统，让人走出去，与心爱的人融为一体，一心一意为对方着想，于是生命洋溢出激情和力量。

然而，无论经历过多么炽烈的爱情，在结为夫妻、共同生活在一起后，又形成了一个封闭的二人世界。在这个封闭的世界中，激情慢慢褪去，熵的力量与日俱增，不可避免会出现倦怠感，趋于惰性化。这样的变化或剧烈或轻微，可以说是婚姻中无法避免的。如果没有新的力量加入，爱情很容易进入坟墓，婚姻很容易陷入危机。倘若这个时候有了孩子，就能够扭转这种局面，一个新生命的诞生可以打破两个人的封闭系统，给家庭注入新的活力。

…………

仔细观察，我们会发现，大千世界每一个活色生香的生命，都是携带着真实的自我，从一个又一个封闭的系统中突围，释放出了全部的热情与活力——苟日新，日日新，又日新。

"热力学第二定律"又叫"熵增定律"，揭示了宇宙和人生变化的终极规律：开放活，封闭死。

袁学海的枯坐从悲伤到封闭，从"伤"到"熵"，他的心死了，他的世界也死了。

有一种接纳，叫呼吸同频

从中午开始，袁学海跟随云谷禅师进入禅房，两个人不眠不语，静坐在屋子里。

天上的阳光一点点西斜，消失，山中的薄雾慢慢升起来，两个人静坐，不眠不语。

一轮明月挂在天空，月光如水，照在山谷，照进禅房，两个人静坐，不眠不语。

…………

最初从书中读到云谷禅师与袁学海见面时的情形，我觉得很奇怪，匪夷所思。为什么袁学海千辛万苦来找云谷禅师，对方却一声不吭，只是一起静坐呢？后来，从武志红老师的书中读到美国著名心理学家、被誉为"催眠治疗之父"米尔顿·艾瑞克森的故事时，我突然明白了，一起静坐是一种独特的接纳方式，在为以后的改变打基础。

心理有问题的人，大多从小生活在缺乏认可的环境中。

例如，孩子说："我渴了。"父母不是拿来水杯，给孩子喝水，而是说："你不渴，你刚喝过饮料。"

孩子哭了，父母不是安慰，而是说："别总是哭哭啼啼的，没出息。"

孩子说："我已经尽力了。"父母不是表达认同，而是说："差远了，你根本没尽力！"

……………

从小没得到认可的孩子，长大后往往内心孤独、病态，渴望被人接纳。他们认为把自己的经历和感受告诉别人，而不会因此遭受排斥、指责和嘲笑，那该是多么大的安慰啊。

心理咨询师耐心倾听来访者的故事，理解他们的感受，积极给予回应，这种接纳是走向治愈的第一步。没有接纳，就没有治愈。可以说，一个人在多大程度上被接纳，他的改变就有多彻底。但最深的接纳往往不是语言上的口号，而是行动上的加入。一次，艾瑞克森去一家医院治疗一位精神分裂症患者，进房间时，看见病人正在钉窗户。艾瑞克森问他为什么要钉窗户。对方紧张地说，有人要追杀他，如果把窗户钉死，追杀他的人就进不了屋。艾瑞克森明明知道这类病人会产生迫害妄想，但他不但没有反对，反而加入病人的行动，抄起一把锤子与对方一起钉钉子，甚至比病人钉得还认真。

钉完窗户后，艾瑞克森又建议病人把地板上的缝隙也钉严实，这样追杀者就完全没有机会进入了。等两个人钉完地板，艾瑞克森又有了新点子，他建议病人去帮助医院里的医生护士，大家一起加强防范工作。病人想都没想就同意了。就这样，病人的安全范围从病房扩大到整个医院。后来，随着安全范围的不断拓展，病人逐渐摆脱了恐惧，走出了与世隔绝的孤独。

还有一次，一个10岁的小男孩鬼哭狼嚎着被父母拽进了艾瑞克森的办公室，艾瑞克森让孩子的父母离开，关上门，单独与孩子待在房间里，耐心看着孩子吼叫。当孩子吼叫完，开始深呼吸时，艾瑞克森突然发出了嘶吼。孩子吃惊地看着他。艾瑞克森吼完后，平静地对孩子说："我吼完了，现在轮到你了。"于是孩子又呼号了一遍，等他停下来换气时，艾瑞克森又开始嘶吼。艾瑞克森通过加入孩子吼叫的行动，消除了隔阂与对立，以便于接下来的谈话。

艾瑞克森和病人一起发疯，和孩子轮番嘶吼，与云谷禅师和袁学海一起静坐如出一辙。袁学海喜欢静坐，云谷禅师也喜欢，两个喜欢静坐的人静坐在一起，该是多么美妙的一件事情啊。虽然没有语言上的交流，但行动上的一致，却是一种更深的认同。不仅如此，一起静坐还有玄机。

开始时，袁学海与云谷禅师坐在禅房中，就像是戳在地上的两口大钟，而不一致的呼吸声，就像两个摆动的钟摆，一个快，一个慢，一个短，一个长，发出混乱的节奏。慢慢地，就像不同频率的钟摆放在一起会彼此影响，产生共振，逐渐趋于相同一样，袁学海与云谷禅师的呼吸节奏也开始一致起来。而当两个人的呼吸处于同一频率时，奇妙的共鸣产生了。袁学海感觉自己被对方深深接纳，孤独和寂寞消失了，感受到了一种从未有过的温暖。他终于理解了"息息相通"的真正含义。原来不用借助语言，仅仅通过气息一致、呼吸同频，就能达到与对方心心相印。

云谷禅师的"呼吸同频"，与艾瑞克森的催眠治疗有着惊人的相似。艾瑞克森出生于一个贫寒的家庭，天生音盲，不知道音乐的美妙之处。六岁时，他路过教堂发现一群人陶醉在一片嘈杂声中，其实那群人是在唱歌，而身为音盲的小艾瑞克森不明白他们为什么那么开心。通过观察，他恍然大悟，原来他们的气息是一致的，呼吸处在同一个频率。基于这一观察，长大后，他发明了一种独特的治疗方法，即通过与来访者保持呼吸同频，来实现心理治愈。

人与人之间，若不能息息相通，所有语言上的交流，终究是肤浅的、孤独的，所有的遇见，终究会成为陌路，各自天涯。而呼吸同频，即使默默无语，也能让心灵与心灵共鸣，灵魂与灵魂共振。

不过，对于袁学海来说，光靠一起静坐的认同和呼吸同频的共振，还不能解决问题，因为长期负面的心理暗示和精神控制，已经让他心如死灰。在他心如死灰的心上横亘着一些根深蒂固的错误认知，不一一清除，就很难实现治愈。

第三章

一场惊心动魄的对话，
一次生命的重建

与对的人聊一次，治愈一生

山谷中，禅房内，袁学海与云谷禅师对坐，不言不语，寂静无声。

天黑了又亮，天亮了又黑，不知不觉，两个人已静坐了三天三夜。这种情形很有点金庸武侠小说的味道。在《射雕英雄传》中，周伯通与灵智上人比定力，看谁坐的时间久，谁先动谁输。结果内功深厚的周伯通输了，而武功不怎么样的灵智上人却赢了。为什么灵智上人能赢呢？因为他被别人点了穴，生命流动的能量被掐断，俨然成了一个死人。

如果说灵智上人是身体被人点了穴，无法动弹，那么袁学海则是在心理上被人点了穴。点穴之后，他的精神被控制，内心麻木不仁，一坐下来便静如瘫痪，似乎比任何高僧大德都有定力。

当又一个黎明到来时，云谷禅师缓缓从地上站起身来，掸了掸三天三夜落在僧衣上的尘埃，开口说话了。

"普通人之所以不能超凡入圣，不是因为天分不够，能力欠缺，而是被太多的想法、太沉的心念拽住了。"云谷禅师看着站起身来的袁学海，"你随我一道静坐了三天三夜，我没看出你有什么想法，也没感觉到你有什么心念。这究竟是怎么回事呢？"

"小时候，有一个算命先生把我一生的荣辱得失、吉凶祸福，包括死期，都算得清清楚楚、明明白白，我的一切早已命中注定，没有什么好想的，想也白想，所以干脆就不想了。"袁学海答道。

云谷禅师盯着袁学海，讪笑道："我原以为你是一个定力深厚、很了不起的人，没想到你其实是个凡夫俗子。"[1]

"禅师，请问，您这话是什么意思？"袁学海一脸蒙。

---

[1] 《了凡四训》："我待汝是豪杰，原来只是凡夫。"

在袁学海的第一印象中，云谷禅师和蔼可亲，没想到他的话却如此直接、犀利，毫不留情。这令袁学海很意外，很吃惊，也很困惑。

"压根儿就没有命中注定这回事。你难道没发现，你所说的命，其实是由你的心掌控的？"云谷禅师站定后，直视袁学海的眼睛，"你的'心'一直在指引你的人生，而你却管它叫'命'。"

"如果不是命中注定，为什么孔先生对我的事情算得那么准呢？"袁学海反问道。

"不知道你有没有听说过一句话，叫'心外无物'。倘若你理解了其中的含意，就会发现，生命中所发生的一切事情，都是你的心吸引来的。你心中描绘的景象，会出现在你的生活中。你心中的想法——那些心心念念的想法，始终在支配你的情绪和行为，控制你的人生。所以，你的心是什么样的，你的命就会与之相匹配。心不变，命当然不会变。"云谷禅师接着说，"我来问你，从你遇见孔先生至今，已二十多年了，在这二十多年里，你的心一直被孔先生算的命所钳制，不曾有一丝一毫的转动，又怎么能期望命能有所改变呢？你落在命数里，不得越雷池半步，这不是孔先生算得准，而是你被他'洗'了脑，受到了他的精神控制。你就像一个因犯,被困在自己设置的牢笼里。你说你认命,在你的认命中,除了无奈、无助和绝望,还有糊涂和懦弱,以及不愿意为命运承担责任的逃避。这种种心理和行为不是凡夫俗子是什么?大智大勇之人能够摆脱精神控制,让心自由,而随着心的自由,他们的命也就不再被控制。不改变心性的人,什么也改变不了。无论何时,只要你的心性改变了,命运迟早都会发生变化。"

云谷禅师的话像一根长长的毫针,一下子扎在袁学海的命脉上,在一阵剧烈的疼痛之后,他感到长期盘踞在心上的错误认知有了松动迹象。

"人真的可以逃脱命运的安排?"袁学海怀疑中带着惊喜。

"每个人的命,都是自己造就的。每个人的福报,也都是自己追求的结果。佛教经典说,求富贵可以得富贵,求儿女可以得儿女,求长寿可以得长寿。说谎是佛门大忌,我怎么会骗你呢?"

"求学、求知识,我能理解,但佛门四大皆空,六根清净,功名富贵怎么可能想求就能求到呢?"

"这是很多人的误解,佛门不是无欲无求,只是求的方法与众不同。一般人是向外求,佛家是向内求。六祖慧能说，一个人的命好命坏，离不开心。心是有磁场的，功名、富贵，以及一切围绕在你身边的东西，都是被你的心吸引来的。如果不磨砺心性、提升心力，而是一味向外，就会陷入虚妄。虚妄的生命犹如一片落叶，追逐着每一阵风，被风卷起来，又扔下去，万事只能听天由命，最终什么也得不到。相反，从心内去求，不仅可以提升内在心性，还可以改变外在命运，内外都能有所得，这才是正确的求法。"

"您是说，只要心性提升了，命运就会变好吗？"

"是的。"

"如果可以改变，如果人生可以重新来过，我愿不遗余力。"

云谷禅师继续追问："孔先生给你算的一生是什么样的？"袁学海老老实实告诉了他。

云谷禅师目光如炬，看着袁学海，一字一句说道："得到一件东西最好的方式，是让自己配得上它。审视你的内心，你觉得自己配不配考取功名？配不配有儿子？"

袁学海想了一会儿，说："不配，考取科举的人都沉稳厚重，心胸开阔，格局大，而我性格急躁，不愿意做烦琐的事情，同时心胸狭窄，不能包容别人，还经常恃才傲物，说话轻率，随便议论别人。这些性格缺陷不仅阻碍了学习上的进步，还得罪了不少人，怎么能考取功名呢？

"此外，大地越是污秽之处，越是能够生长作物，水至清则无鱼。我是一个有洁癖的人，一方面想要儿子，另一方面内心不免又有些抵触和排斥，这是没有儿子的第一个原因。俗话说，和气化育万物，我却经常发怒，这是没有儿子的第二个原因。慈爱是生生不绝的源泉，刻薄是不育的根本，我爱惜自己的名节，常常不能舍己救人，这是没有儿子的第三个原因。我说话太多，消耗元气，这是没有儿子的第四个原因。我喜欢喝大酒，过度伤神，这是没有儿子的第五个原因。我喜欢熬夜，又不懂得养育心神，这是没有儿子的第六个原因。其他还有很多问题，不能一一列出。"

云谷禅师说："其实，不只是考取功名。世间享有千金财产的大富之人，一定是配得上千金财产；世间享有百金财产的中富之人，一定是配得上百金财产；饿死的人，一定有饿死的原因。上天对待一切，都是公平公正的，不过是按照每个人的性格、认知和行为将他们的命运展开而已，何曾掺杂一丝一毫的私心。现在，你既然认识到了自己的种种问题，那就把自己考不取功名、没有后代的原因彻底清除掉，不要怨天尤人，不要认命，一定要从内部去改变心性。"

听说自己的命还有改变的可能性，袁学海不禁心潮起伏。他看着云谷禅师，与他四目相对，那是生命与生命的对视，是一棵树摇动另一棵树，一朵云推动另一朵云，一个灵魂唤醒另一个灵魂。接着，云谷禅师掷地有声，说了一段影响深远的话：

"从前种种，譬如昨日死；从后种种，譬如今日生——从今天开始，从前的那个你，等于昨天已经死了，从今以后，诞生一个新的你。这个新的你，会有不一样的心性，不一样的人生，不一样的命运，正是你想成为的人。"

云谷禅师的话，一针见血，惊心动魄，震裂了袁学海的保护外壳。他感觉在他僵尸一样的心中蛹化出了一只蝴蝶，翩翩起舞，生命的活力也随之缓慢流动起来。

"炼狱般的痛苦一经超越，枝头绽放的将是爱与希望的花蕾。"——心理学家维克多·弗兰克尔如是说。

"无礼沟通"的力量

在云谷禅师与袁学海的对话中,有一个细节给人留下的印象十分深刻,当袁学海说出自己为什么能静坐三天三夜没有妄念之后,云谷禅师讪笑道:"我原以为你是一个定力很深厚、很了不起的人,没想到你其实是个凡夫俗子。"

慈眉善目的老人为什么要说出这样明显带有贬损性质的话,而且笑声中还含有轻蔑?

这就是禅宗常用的"当头棒喝",即瞅准时机,当头一棒,大吼一声,瞬间让对方醒悟。

"当头棒喝"类似于美国心理学家玛莎·莱恩汉所说的"无礼沟通"。

一般来说,心理咨询分为两个阶段:接纳与改变。没有接纳,所有的改变都是一种强迫,必将导致抵触。但接纳本身不是目的,目的是改变错误的认知,实现生命的蜕变。

然而,对来访者来说,蜕变不是一件容易的事情,毕竟旧的认知(思维惯性)早已盘根错节,形成了凝固的性格、情绪和行为模式。在根除错误认知的过程中，心理治疗师常采用"无礼沟通"的方法，即以锐利的目光看见问题的本质，通过冒犯性的语言和行为，出其不意地指出对方的问题，引起对方的注意，让对方思考，主动寻求正向改变。

云谷禅师在这里故意说带有讽刺和讥笑性质的话，既是"当头棒喝"，亦是"无礼沟通"，以一剑封喉的精准无情，破除袁学海的惯性思维，动摇他错误认知的根基。因为针对根深蒂固的错误认知，如果按常理出牌，一般不会引起对方的警醒，而出乎意料的话通常比期望的更能引起人的注意，得到更深层的认知处理。

记得有一次，女儿从学校回来，非常生气地对我说，有个老师在精神上打击她、控制她，她用了一个流行词PUA。我耐心听完她的倾诉后，笑道："嘻，我还以为是什么大不了的事情呢。"听完我的话后，女儿吃惊地看着我。一直以来，对于女儿的倾诉，我都听得很认真，给予的回应几乎都是她期望的，但今天她来找我倾诉，我却认为"不是什么大不了的事情"，她感到不可思议，迫切想知道原因。

"难道这不是大事吗？"她问。

"我先问你,你觉得爸爸妈妈爱你吗?"我没有直接回答她,而是兜了一个圈子。

"当然。"女儿回答。

"那你知道我们为什么这么爱你吗?"我停顿了一会儿说,"就是希望我们给予你的爱,能够让你成长,变得强大,长大后有能力扛住别人的PUA,不至于被打趴下去!"

我看着她问:"你会被他们打趴下吗?"

"当然不会。"女儿听完我的解释之后,气消了。

在对话中,我对女儿被PUA这件事情轻描淡写,是反常的、没有道理的、缺乏同情心的,但正因如此,才引起了女儿的好奇心。而当她听完我的解释后,不仅能意识到PUA是生活中的家常便饭,更能激发她自身的信心和勇气,去经受住磨砺,获得精神上的成长。

"无礼沟通"需要在对方信任的基础上进行,而且必须出于真心,它不是平常沟通时的和风细雨,而是电闪雷鸣,出乎对方的意料,却往往能收到意想不到的效果。

曹德旺与换肾女：
富有富的道理，病有病的原因

在云谷禅师与袁学海的对话中，还有一段话很扎心："世间享有千金财产的大富之人，一定是配得上千金财产；世间享有百金财产的中富之人，一定是配得上百金财产；饿死的人，一定有饿死的原因。"

读完这段话，不由得令人想起曹德旺与一位换肾女人的故事。曹德旺是云谷禅师所说的享有千金财产的大富之人，他的财富与他的心性是相匹配的。一天，他收到一封求救信，是一对退休夫妇写来的，说自己的女儿7岁时就得了肾病，夫妻俩为她求医问药，终于让她活到了31岁，不料现在病情恶化，医生说，如果不及时换肾，生命就走到了尽头。

读完求救信后，曹德旺立即派秘书去了解情况，如果情况属实，就出钱出力，挽救年轻的生命。

很快，秘书回来汇报，情况属实。曹德旺便安排病人住进了大医院。换肾手术很成功。可是没过几天，病人就出现了排异反应，需要长期住院，这又是一笔巨额的费用。为了让病人和老夫妇没有后顾之忧，曹德旺又向医院表示："后续的排异治疗，不管花多少钱都要做，费用我出。"

很幸运，经过长达三年的排异治疗，换肾的女病人终于获得了新生。

可是获得新生后的她，并不急着将这个好消息告诉曹德旺，而是找到主治医师，说："医生，请继续给我开排异治疗证明，并把它发给曹德旺。"

医生感到疑惑："你的病不是好了吗？连药都停了。为什么还要继续开治疗证明，继续开药单子？"

谁知这个女人竟然蛮横地对医生说："你当医生不就是靠医院卖药挣钱吗？让你开就开吧，你管那么多干什么？反正曹德旺有的是钱！"

医生终于明白了，这个女人不是想继续治疗，而是想骗曹德旺的钱。于是，医生便打电话把实情告诉了曹德旺的秘书。

秘书走进曹德旺的办公室欲言又止。曹德旺问："你干吗？"

"刚才医院打来电话，说出来你会生气。"秘书说。

"胡说八道，什么事？"曹德旺问。

当秘书把事情告诉曹德旺后,曹德旺并没有生气,而是平静地说道:"我现在弄清楚她为什么会生病了。"

尽管生病有很多原因,但心性对疾病的影响至关重要。古语说,仁者寿。那些心胸开阔、有仁爱之心的人,往往健康长寿,而内心阴暗、不懂感恩,总觉得这个世界欠他的人,或总想算计别人的人,更容易生大病。

美国著名心理咨询师露易丝·海说,所有疾病都是不宽容导致的,长时间的怨恨会吞噬我们的身体,导致各种疾病。所以,每当我们生病时,就需要在心中默默搜寻一下,看谁需要被原谅。那个最难让你原谅的人,正是你最需要原谅的人。曹德旺好心帮助患病的女人,没想到对方不但不感激,还反过来欺骗他。这件事搁在别人身上,一定会非常生气,耿耿于怀,但曹德旺却认为吃一点亏没什么,这是修行,于是轻轻松松放下了。

富有富的道理,穷有穷的根源,病有病的缘由。道家经典《太上感应篇》中有这样的话:"祸福无门,惟人自召;善恶之报,如影随形。"此言不虚。我们的生命经历,完全是我们自己造成的。我们的一思一念,都在塑造我们的未来。认知心理学有一句名言:发生在你身上的事情并不能决定你的命运,决定命运的是你对这些事情的认知,以及由此采取的反应。

觉醒时分，重建生命格局

当袁学海的心被撬开之后，云谷禅师继续醍醐灌顶："天作孽，犹可违；自作孽，不可活——每个人都会遇到一些天降的不幸事件，它们突如其来，是你没有预料到的，但如果你能正确应对，就可以化险为夷。相反，如果你的心性有问题，又不愿意改变，便会一个错误接着一个错误，这无异于自掘坟墓，真的就没救了。孔先生算你考不取功名、没有儿子，是你过去的心性造成的，改变心性，你的生命必可重建。"

"禅师，如何才能改变心性呢？"袁学海问。

"清理心田，播下新的种子，让它发芽、开花，结出新的果实。从现在开始，你要不断提升自己的德行，坚持不懈地做好事，而且是默默做好事，积累阴德。因果归因，你自己种下的福因，哪有享受不到善果的道理？"

袁学海目不转睛，全神贯注地倾听。

"《易经》是教人如何趋吉避凶的，开篇讲的第一层意思，是'积善之家，必有余庆'——积累善行的家庭，一定会得到很多福报。"云谷禅师问袁学海，"你相信吗？"

"完全相信。"袁学海回答完之后，连忙下拜受教。

在云谷禅师的指导下，袁学海举行了庄重的仪式。他在佛像前将过去的种种习气、种种毛病，全部吐露出来，没有一丝一毫的隐瞒，还写了一篇虔诚的忏悔文，发誓改变。之后，他发愿求取功名，并起誓做三千件好事，以报答天地祖宗的大德。

完成仪式之后，云谷禅师给袁学海出示了一本"功过格"，即记录善恶功过的簿册，善言善行记为"功"，恶言恶行记为"过"。禅师让袁学海将每天做的事情都详细登记，看善事是否增加了，恶事是否减少了。不仅如此，云谷禅师还教袁学海画符，以及念准提咒。

云谷禅师说："画符的秘诀很简单，就是不动念，拿起笔的时候，把一切杂七杂八的牵挂全部放下，不胡思乱想，趁内心空灵之时下笔，点上一点，谓之'混沌初开'，然后放开写去，在物我两忘的境界中，一笔挥就，毫无顾虑，这样就画出了一张灵验的符。"

"凡祈天立命，重新构建生命格局，务必真心，不要有一丝妄念，只要虔诚祈祷，勤勉修行，就有感应。孟子在谈到安身立命时说'夭寿不贰',什么意思呢?就是说,如果你每天都在担心自己是短命还是长寿,一定活得不开心。而全然投入生活,不执着于短命还是长寿,结果自然美好。同理,如果你只问耕耘,不问收获,收获自然水到渠成。如果你对于穷困潦倒和财运亨通没有分别心,一切都会进展顺利。"

袁学海一边听云谷禅师的话,一边想起孔先生给他算的死期,似乎心里还有疙瘩没解开。云谷禅师看出了他的心思,又说:"一个人的命再大,如果自己整天都想着死,那就怎么也活不长。人生在世,生死是最重要的事情,如果对于短命和长寿不起分别心,勘破生死,一切顺境和逆境都安之若素,自然能活到天年。

"对于命运的转变,我们要本着这样的态度——修身养性,安心等待。所谓'修',是自己有过错就要及时纠正;所谓'等',就是哪怕有一点点觊觎之心、一丝一毫的比较之意,都要斩草除根。到了这个地步,你就直接进入了单纯真实的先天境界,这才是真正的安身立命之学。"

"禅师,我也不想比较,不愿去想短命与长寿的事情,可就是控制不住自己,该怎么办呢?"袁学海问。

"这就是我教你念准提咒的原因。一个人很难做到完全不起杂念，但可以坚持念咒，不用计数，念到烂熟于心。在持咒的时候，不要刻意，可以同时做其他事情；而在做其他事情的时候，也可以同时持咒。一直这样持咒到不起妄念，就会产生很多常人看起来很神奇的感应。"

听完云谷禅师的一席话之后，袁学海的心亮堂了起来。他迎来了自己的觉醒时分，不由得热血沸腾。为了与"旧我"彻底决裂，他做了一件颇具仪式感的事情——改名。他把自己的名号"学海"，改为"了凡"——了断过去凡夫俗子的生活，摆脱命运的束缚。

从改名的那一刻起，"袁学海"死了，他死于无助、抑郁和绝望，享年 35 岁。

而刚刚来到人世间的"袁了凡"，每一个毛孔都向外冒着希望之光。在他心中，一头狮子已经醒来。

命运的飞镖，为什么有人躲不掉

在云谷禅师与袁了凡的对话中，有一个一以贯之的核心：因果归因。命运说起来神秘莫测，其实很简单，它就像回力飞镖，我们扔出去的东西，转眼就又旋转回到我们手中。我们输出的思想和行为会以不同的方式返回到我们身上。我们过去所思所想的"因",变成了现在的"果",而我们现在一言一行的"因",又在酝酿将来的"果"。

云谷禅师反复告诉袁了凡,一定要睁开眼睛,看清楚这一点,正是他自己的一思一想、一举一动,塑造了他的命运。对于自己塑造的一切,他不能埋怨别人,把责任推给算命先生,他要为自己的前途和命运承担起责任。谁也不能替他生活,替他做主。自己,只有自己,才是命运的主人。无论环境多么复杂,但人最终是自我决定的;一个人成为什么样子,是他自己决定的结果。过去有错,错在自己,不在别人。不愿意为自己的过错承担责任,既是懦弱,也是一种人格障碍的表现。

人格障碍患者,总是把责任推卸给别人,他们的口头禅是"这不是我的错""这不是我的责任""我不能""我不得不",似乎他们根本就没有选择的余地,所有行为完全是迫于外在和他人压力的无奈之举,自己是无辜的受害者,他人和外界才是罪魁祸首。然而,事实恰恰相反,在任何情况下,人都有选择的自由。前面,我曾讲过自己闹离婚、结婚照无缘无故从墙上掉下来的故事。如果那个时候,我把责任推给天意,认为闹到离婚这个地步,是上天的意思,自己无能为力,那我就是一个彻头彻尾的人格障碍患者。因为认命本身就是一种人格障碍的表现。好在我没有那样做。我认为结婚照掉下来,是上天把球踢到了我这边,看我如何处理。而我选择将破碎的相框粘连起来,重新挂到墙上去,意味着我要主动承担弥补婚姻裂痕的责任。

人总是有能力将危险转化为机会,把人生的苦难转化为成就,把生活中的苦涩与酸楚转化为牛奶与蜂蜜。但遗憾的是,在人格障碍患者身上,我们往往能看到一种奇怪的现象:一方面他们怨天尤人,抱怨生活的不幸;另一方面却又拒绝改变导致不幸的旧认知、旧思维、旧习性。他们梦想以旧的方式过上新的生活,他们不想改变自己,却希望生活发生改变,这是多么荒唐可笑的混乱逻辑。

人格障碍患者把责任像回力飞镖一样扔出去,殊不知,这些飞镖又神不知鬼不觉地折返回来,伤了他们自己。如果一味推卸责任,便永远躲不掉命运的飞镖。

云谷禅师向我们大家阐述了一个朴素的真理:我们生命中遭遇的所有事情,我们的痛苦、焦虑和抑郁,都是过去的认知和习性造成的。然而,过去的已经过去了、结束了,我们需要画上一个句号,把精力集中在当下,关注此时此刻的选择,是继续走老路,还是选择改变?对未来的真正慷慨,是把一切都献给现在。我们必须从现在开始就改变我们的认知,改变我们的思维方式、说话方式和行为方式。只有这些现在发生了改变,我们未来的命运才会发生变化。

禅师与算命先生的隔空较量

云谷禅师与袁学海的对话,实质上是一场洗脑与反洗脑、精神控制与反精神控制的较量。袁学海是一个被洗脑、被精神控制的人,从13岁开始,算命先生就通过心理暗示,将"听天由命"的毒观念植入他的心中,让他慢慢失去活力,在孤独、痛苦和抑郁中,活成了一道枯槁的影子。而云谷禅师对他说的那些话,可以理解为拔毒,也可以看成是禅师与算命先生的隔空对决。

我们知道,精神控制一般是在封闭的环境中进行,比如传销组织开"洗脑"大会,是将人关在僻静的宾馆内,禁止与外界联系;又比如,孔先生通过心理暗示将袁学海的思维活动封印在命数里,而那个命数从生到死,形成一个完整的闭合，让人感觉没有出口。之所以这样做，是因为只有在封闭的环境内，才能限制人的思想，控制人的精神。如果环境被打开，或呈开放状态，随着新信息、新思潮、新理念的进入，精神控制的招数就失灵了。所以，封闭是精神控制的前提。只有封闭你，才能精神控制你。

除此之外，在封闭的环境中，控制者不断打击被控制者的自尊与自信，让他们变得沮丧、自卑、无助、无能，又无处可逃，不得不相信控制者就是他们的天，他们的地，他们的唯一，除了依附，别无选择，于是便出现了心理学上的"斯德哥尔摩综合征"。

此综合征源于瑞典首都斯德哥尔摩发生的一起银行抢劫案。案发时，劫匪挟持银行职员为人质，与警方对峙。在五天五夜的对峙中，人质的基本生理需求——吃饭、喝水、上厕所等——都需要劫匪开恩。而最要紧的是，劫匪掌握着人质的生杀大权，想杀谁就杀谁，想什么时候杀就什么时候杀。在封闭且孤立无援的环境中，人质的内心逐渐由害怕转变为讨好、依赖、感激和同情。后来人质被解救，这些曾被挟持、被当成筹码、随时可能惨遭杀害的人，不仅拒绝出庭指证劫匪，甚至还有一位女性与一名劫匪订婚。

人质与绑匪，原本像老鼠与猫一样不共戴天，然而，如果一只老鼠感染了弓形虫病,大脑被弓形虫控制后,就会主动通过猫尿的气味去寻找猫的踪迹,把自己送到猫的利爪之下。同样,当人被洗脑、被精神控制之后,也会做出变态的事情来。

总之,洗脑和精神控制,是禁锢你的认知,封印你的心灵,让你人格依附,不能独立。与之相反,反洗脑、反精神控制,是认知解禁,心灵解封;是从封闭的环境中突围,激发自身的力量,摆脱依附,走向精神独立。就像云谷禅师教袁学海做的那样:撕掉认命的封条,走出去,接受"我命由我不由天"的新思想、新观念;然后,依靠自身的力量洗心涤虑,承担起命运重塑的责任,活出自己希望的样子。

终于,在袁学海被精神控制长达二十多年后,云谷禅师的反精神控制,隔空打牛,力道万均,刹那间,孔先生仙风道骨般的高大形象轰然倒塌……在一地瓦砾中,袁了凡站了起来。

功过格：自我觉察的棋盘，生命的底盘

白天，当云谷禅师向袁了凡介绍功过格时，尽管他听得很认真，知道了该怎样做，但对于这样做究竟有多大的效果却并不清楚。在他看来，功过格不过是一个带有格子的小本子，每天把自己的善言善行和恶言恶行分门别类，登记在不同的格子中，就像是在记流水账一样，看不出有什么神奇之处。

直到晚上第一次尝试后，袁了凡才意识到，功过格必将对他的心理产生深远的影响。

那天晚上，袁了凡拿出纸和笔，仔细回忆一天的所言所行，他把善的言行填入功格中，把恶的言行填入过格中。填完功过格后，他久久注视着那些格子。突然，他觉察到，功过格很像一个棋盘，而那些格子中的善恶言行就像棋子，善是白色棋子，恶是黑色棋子。而填写功过格的过程，如同下棋，黑白棋子相互对抗、纠缠、厮杀、变化。

继而，他还觉察到，功过格上的黑白厮杀，分明投射出他内心的挣扎。黑白棋子代表了他心中彼此冲突的想法

和情绪。黑子代表那些阴郁的想法和情绪，诸如"我一文不值""我被人看不起""我毫无希望"，以及沮丧、悲观、绝望等情绪。然而，即使袁了凡患有抑郁症，他的心中依然有一股明朗的力量。要不然，他就不会来到栖霞山，拜见云谷禅师。这些明亮的想法和情绪在功过格的棋盘上表现为白子。

看着黑子黑压压一大片，而白子却稀稀拉拉，面对人生如此残局，袁了凡反思，这一切究竟是如何发生的？他原本是冲锋陷阵的白子，与黑子厮杀，极力压制黑子，甚至还一度想将黑子赶尽杀绝。殊不知，越杀，黑子越多，白子越少。他若有所悟，如果你把自己当成棋子，黑白对弈，你想控制的，最后却控制了你。袁了凡的领悟类似于尼采那句名言："与恶龙缠斗太久，自身亦成为恶龙；凝视深渊过久，深渊将回以凝视。"

想到这里，他恍然大悟，原来填写功过格的意义，是退后一步，脱离厮杀与纠缠，不再当棋子，而是成为棋盘。

成为棋盘，不管棋子如何变化，棋盘始终是不变的。当一个人退后一步，成为棋盘后，他的想法、情绪和行为就成了棋子，他可以毫无保留地将棋子呈现在棋盘上，承载棋子，容纳黑白对抗，而不会加入其中，参与混战。这样一来，不仅避免了被裹挟的命运，还可以给心理活动提供巨大空间。

过去，当袁了凡在脑海里说"我是一个没有未来的人"时，如果站在棋子的层面，他会把这个想法等同于事实，入戏很深，觉得自己真的没有未来，从而感到沮丧、绝望。但如果成为棋盘，当这个想法冒出来后，他不再被其裹挟，而是能清楚地觉察到："看，棋盘上又出现一枚黑子，这是我的想法，并不是我。"正如棋子无法拖动棋盘一样，袁了凡也不会被这枚黑子拽进深渊。

事实上，很多心理问题，都是因为人们把想法当成现实，深信不疑，并给予了一系列情绪和行为反应。我们应该明白，想法是想法，事实是事实，"我的想法、情绪和行为"与"我"并不是一码事，不能画等号。当"我"退后一步，不再将自己焊接在自己的想法上，而是成为一个旁观者，"我"就超越出来，与自己的想法、情绪和行为保持距离。这时，"我"不再是一枚棋子，而成了一个无限延伸的棋盘，可以承载一切想法、容纳一切情绪、观察一切行为，而不回避，也不受羁绊。这个"我"，就是接纳承诺疗法所说的"观察性自我"。

"观察性自我"在心理治愈中至关重要，可以拓展心理空间，让人变得开放、灵活，充满活力；可以提升心灵维度，让人在生活之中，却活在生活之上。令人惊喜的是，功过格正是培养观察性自我的关键方案。

之前，由于袁学海缺乏观察性自我，他对于自己的想法、感受和行为，就好比"不识庐山真面目，只缘身在此山中"。也可以说，他把自己混同于棋子，深陷冲突，内心紧张、焦虑、挫败。而填写功过格，在自我观察中，他则成为棋盘，得以在更高更宽广的层面，观察自己的一切言行。一个人只有通过观察自我，才能找到自我。同时，观察即接纳，人不可能接纳自己尚未观察到的东西。观察一切，意味着接纳一切。

当袁了凡找到并全然接纳自己之后，他就会变得完整、真实，知道哪些是重要的，哪些是不重要的，自己究竟想成为什么样的人。这又是接纳承诺疗法所说的"澄清价值"。

而当袁了凡澄清人生的价值之后，他的行动也会因此变得坚定、有力，努力去兑现自己许下的诺言——成为一个超凡脱俗的人。

中国接纳承诺疗法领航人、中科院心理研究所祝卓宏教授说："功过格相当于接纳承诺疗法中观察性自我、澄清价值和承诺行动的综合运用。"

可以说，功过格是袁了凡自我觉察的棋盘，也是他生命的底盘，可以承载他、推动他过上有意义、有价值的生活。

没想到，一个小小的功过格居然蕴藏着如此神奇的治愈力，实在令人惊叹。

画符：不动念，即正念

袁学海心如死灰，然而，当他的心被激活时，云谷禅师知道他长期积压的欲望，势必像炉子里的蜂窝煤一样被烧得通红，并由此变得执着。

人很容易陷入两个极端：要么万念俱灰，"躺平"；要么雄心勃勃，执着。用接纳承诺疗法的话来说，这样的人要么冲动，要么盲动，要么不动。如何才能解决他们的问题呢？云谷禅师给出的方法是画符。

云谷禅师对袁了凡说，画符的秘诀是"不动念"。

什么是"不动念"？

"不动念"不是无欲无求，也不是执念，而是心理学家玛莎·莱恩汉所说的"正念"，即不带评判，也不带执念，把注意力集中在当下的活动中。

第一讲　立命之学

人总是会起心动念，对事情进行评判——"这是白的""那是黑的""这个人真坏""那件事不好""我真不该那样""未来看上去还不错"……我们的头脑会一刻不停地比较、评判、权衡，区分出好坏、利弊、吉凶、喜欢与厌恶，这种比较和评判会让人陷入二元对立的思维模式中，一心去追求好的结果，避免坏事发生。当然，追求好的结果本身没有错，问题是如果你对未来充满执着，就会失去对当下的觉察，使你的心不再宁静、澄明、智慧，而是变得冲动、混沌、焦灼，阻碍自身能力的发挥。

一次，打高尔夫球时，在蓝蓝的天空下，看着白色的小球划出一道美丽的抛物线，落在绿茵茵的草坪上，我突然被这景象触动了，不再去想杆数和成绩的事情，只是单纯沉浸在享受这项运动本身。可以说，那时我进入了"不动念"的状态，将全部注意力凝聚在挥杆动作上，没有去追求结果。没想到，当我不去想结果时，结果却如有神助一般，要风得风，要雨得雨，球打得出奇的好。

还剩最后一个洞时，球童对我说："您今天肯定能见7。"对于大多数业余高尔夫运动员来说，一般成绩都徘徊在90多杆，好一些的80多杆，如果一场球能够打到70多杆，的确不容易。听到球童这么说，我的执念"噌"的一下蹿出来，对结果有了期盼：今天一定要见7。

站在发球台上，看着前面的水障碍区，我心里暗自盘算："只要不把球打下水，就成功了一半。"谁知当我一心在乎结果的时候，那种如有神助的状态顷刻之间不见了。我连续两次把球打下水，结果可想而知，我没有见到7。

本来唾手可得，却擦肩而过。为什么我前后的表现判若两人呢？原因就在于，最后一个洞之前的我"不动念"，没有去追求结果，身心呈打开状态，内在能量与这项运动融为一体，而这就是心理学家所说的正念——对当下保持开放、觉察、专注。在这种状态下，我的潜能才得以充分释放。而后来一追求结果，我便与当下脱离，活在了对未来的焦虑中："我千万不能将球打进水中。""我要见7。""见7之后，我就有向朋友炫耀的资本了。"……我脑海中产生的这些想法，就是云谷禅师所说的"动念""未能无心""觊觎"，以及"妄念"。这些东西横亘在我与这项运动之间，打破了之前建立起来的人球合一的关系。

那次经历，让我得到了这样的领悟：要想获得好的结果，就不要在乎结果；一旦在乎结果，大概率没有好结果。正如哲人叔本华所说："正是对幸福的一味追求阻碍了幸福的到来。"

不仅是打高尔夫球，做任何事情，都需要"不动念"，把心从对结果的执着中解脱出来，与所做的事情合二为一。一旦进入这种状态，不用刻意追求，往往就能超水平发挥，获得令人惊艳的结果。相反，如果执着于结果，有了得失心，大脑就容易陷入不安和焦虑，身心（主体）就会与要做的事情（客体）分离，脱离当下，结果越想得到越得不到。

很多时候，头脑中的妄念，往往是人行动的最大障碍，它用一大堆密集的想法、概念、比较、评判和期待，阻碍我们进入当下。大多数时候，我们并没有生活在真实的生活中，而是留置在头脑中，一刻不停地评判是非对错。正如玛莎·莱恩汉所说，如果在乎"是非对错"，人就很难注意到某种情景下真正的需求。从这一点出发，我们可以将不动念的画符比喻为"砍脑壳"。唯有砍掉脑壳中的二元对立，不再纠结于什么是长寿、什么是短命、什么是富贵、什么是贫穷，不再存比较之心、评判之意、觊觎之欲，我们才能真正活在当下，保持清醒、觉察和警醒，呼唤出内在深刻的智慧心念。

然而，在很多影视作品中，画符经常被丑化，带有迷信色彩，往往是一个道士，用一杆笔在纸上胡乱画几笔，用来驱魔，而且还不管用。云谷禅师所传授的"画符"，没有半点迷信色彩,他所说的"夭寿不贰""丰歉不贰",是要让袁了凡摆脱二元思维,活在当下,而"不动念",以及"无思无虑",其实就是正念。

画符或正念,是在灵光一现的瞬间,感受永恒;是让人作为一个存在,与另一个更大的存在连上线;是以"无为之心"达到"无所不为"的效果;是以一种"空"的状态,实现一个"满"的人生。

念咒:内心的拐杖

除画符外,还有一种练习正念的方法——念咒。

有一个小男孩,非常胆小,害怕黑暗,脑海中经常出现鬼魂和巨蟒这类可怕的东西。晚上如果房间不开灯,他就不敢睡觉。在学校,同学们叫他"胆小鬼",还经常欺负他。

一天,女佣看见小男孩哭着跑回家,非常同情,就对他说:"不要伤心,这不是什么大不了的事情,我告诉你一个方法,每当有人吓唬你时,你不要跑开,挺直身体,重复念这个咒语'罗摩,罗摩,罗摩',这样你就不害怕了。"

小男孩半信半疑试了试，结果非常管用。男孩好奇地问女佣。女佣回答："当人害怕、惶恐不安时，需要抓住某样东西，让自己的心安静下来。"她打了一个形象的比喻，"当大象经过农贸市场的时候，它的鼻子左右摆动，不是卷起香蕉，就是卷起椰子，弄得市场一片混乱。人的心如同大象的鼻子一样，天生不安分，总是心神不宁，左顾右盼。聪明的驯养师在带领大象经过农贸市场时，会给它一根竹棍，让鼻子卷住。大象很喜欢，卷得很牢。一旦大象的鼻子稳住了，它就会变得淡定、专注，香蕉和椰子再也不会让它分心了。我让你念的咒语，就是那根竹棍。你的心抓住它，安静下来，不胡思乱想，也就有了勇气和力量。"

从此之后，胆小的男孩一直把念咒当成内心的拐杖。他杵着它，安然度过每一次磨难。长大成人后，他的心越发镇静，充满力量，成为一个无法撼动的人。

这个人就是印度非暴力不合作运动的领袖——圣雄甘地。

念咒其实也是一种正念练习。人只要反复念诵同一个咒语，就能反复将心拉回对当下的觉知。佛经说"制心一处，无事不办"，当人进行正念练习，把心力集中在一件事情上，不散乱，就能活在当下，释放出惊人潜能。李小龙是中国功夫首位全球推广者，他说："我不害怕练习过一万种腿法的人，我害怕把一种腿法练了一万遍的人。"

神经学家的研究证明，当系统化念咒时，会对人脑产生强有力的作用。它能汇聚大脑的能量，专注于一点，形成脑磁场。而这种强大的磁场，恰恰是定力与智慧的来源。

据说，南怀瑾有一个美国学生，抱着求证的心态，想看一看念"准提咒"是否灵验。试了几天，没有效果。别人告诉他，至少要念十万遍。他坚持念到一百万遍时，发现身心特别舒服。他用8年时间，将"准提咒"念了一千多万遍。他说，现在很轻松就可以将思想集中起来，遇到什么难题，很快就能想出解决办法，而一件事情做完之后，说放下就放下了。

长期持咒，其实是长期进行正念练习，能让人毫无保留、无怨无悔地进入当下。如果我们注视当下，就这一刻，当下轰然洞开，我们会发现，自己注视的其实是整个宇宙，于是曾经迷失、孤独、充满乡愁的我们，终于睁开双眼，找到了回家的路。

综上所述，无论是画符，还是念咒，都是正念，可以让人拆掉思维的墙，看见全然真实的世界。葡萄牙诗人佩索阿说，他信任这个世界就像信任一朵雏菊，因为他看见了它，而不是思考了它。思考意味着视力不好。他在一首诗中写道：

为了看见田野和河流
打开窗户是不够的。
为了看见树木和花朵
眼睛不盲是不够的。
你还要舍弃一切哲学。
有了哲学，就不会有树木，只有观念。

"观念""看法""见解""执念"，以及"论断"……这些东西密密匝匝横卧在心中，会形成"想法的灌木丛"，分割我们的视线，以至于看不见世界的完整性和真实性。云谷禅师给袁了凡开出的这两服灵丹妙药——"画符"和"念咒"，能够帮助他拔掉"想法的灌木丛"，直接与世界建立起全然真实的联结，就像陶渊明"采菊东篱下，悠然见南山"一样，看见真实的东篱与南山，真实的田野与河流,真实的树木与花朵。这时,人以赤子之心站在天地间,不是活成一束光,而是活成了比阳光还要亮无数倍的激光,可以穿透世俗的黑暗、命数的阻挡。

第二训

改过之法

每个人身上，
都有自身问题的解决方案，
只不过他们不知道如何寻找。

—— 心理学大师米尔顿·艾瑞克森

第四章
为什么改名可以改运

从一片落叶到一只鹰

　　天刚蒙蒙亮，袁了凡拜别云谷禅师，怀着一颗感恩之心离开山谷。

　　归途中，无边落木萧萧下，不禁让他想起进山时的情形。那时他多么像一片落叶，随风飘零，可怜、无助、绝望，对于前途和命运完全丧失了掌控力。

　　而现在，他满血复活，希望的力量从心底涌出，慢慢充盈他的身体、他的头脑，以及他踏实有力的脚步。

　　站在山冈上，他看见岩石上有一只鹰，蜷曲着，将喙深深插进胸前的羽毛中，一动不动。当朝霞映照岩石之际，突然，鹰张开翅膀，发出霸气、野性的尖叫，冲向蓝天，越飞越高，在霞光万丈的天空中盘旋。

袁了凡感觉自己就像那只鹰，浩瀚天穹在等待他的飞翔。不过，在这之前，他先要练好一双鹰眼，不断培养自我觉察的能力。袁了凡已经知道，真正应该发生转变的地方不在他之外，而在他之内。他感恩云谷禅师，让他睁开了自我觉察的鹰眼，完成了心理治愈。

这里需要说明，完成心理治愈，并不是说来访者的问题全部消失了，不再需要心理治疗，而是意味着他具有了自我觉察的能力之后，可以成为自己的心理治疗师，把治疗的方法融入生活。

袁了凡知道，接下来，还有漫长的路要走。一路上，各种问题纷至沓来，越往前走，烦恼和痛苦越多，打击和挫折也越多，但只要有自我觉察的能力，能够自我疗愈，他就能完成人生的逆袭，从丑陋的毛毛虫破茧而出，化为美丽的蝴蝶。

袁了凡凝视着天空中的那只鹰，突然发现，除了觉察力之外，自己的想象力也开始变得丰富起来。他想象，如果自己就是那只鹰，俯瞰群山、河流、森林、湖泊、田野与村庄时，会有怎样的感受？如果是在流动的云端，自己感受到的是自在、喜悦，还是孤独？袁了凡的想象力从来没有像今天这样灵动。之前，他的想象力是贫乏的、枯竭的，而想象力的干涸恰恰是心理疾病的一个特征。美国心理学家托马斯·摩尔说，许多所谓的心理疾病，无非是想象力缺失的外在表现，而心理治愈是引导想象力回归的过程。

算命先生用命数勒死了袁学海的想象力，而云谷禅师通过心理疗愈让他的想象力复活了。复活之后，袁了凡把那只鹰的画面深深印在了脑海里，激情随想象不断积蓄，世界已准备好接纳他气势磅礴的生命力。

"了凡"的治愈意义

到南京国子监报到的那天，熙熙攘攘，学子们的脸上洋溢着朝气与希望。袁了凡迈着沉稳的步伐，走在校园的路上。突然，背后传来一个熟悉的声音："学海兄！"

袁了凡回头一看，是多年不见的同乡好友费锦坡，只见他满脸兴奋："听说你要来，我高兴得不得了，在报名册上找了好久，也没找到你的名字。"

"锦坡兄，能在这里遇见你，太好了。"袁了凡回答。

第二训 改过之法

"你还没有报到吧？我陪你一起去。"

"我已经报到了。"

"怎么没看见你的名字呢？"

"我改名'袁了凡'了。"

"怪不得，我在名册上看见'袁了凡'时，觉得这个名字很好，与众不同，有深意，不知道是谁，原来是你呀。"

费锦坡性格开朗，热心肠，心直口快，一见面就说个不停。"'了凡'中的这个'了'字太有内涵了，我能体会到三层意思——了解，了断，了不起。"费锦坡说，"不知道袁兄取这个名字是否还有更深的含意。"

听完费锦坡的话后，袁了凡眼睛一亮，继而坦然承认："锦坡兄的诠释令我茅塞顿开，我在取这个名字的时候，只想到'了断'这层意思，现在经你这么一说，才发现别有洞天。"

费锦坡看着袁了凡诚恳的样子，心中暗想："这还是以前那个人吗？如果放在以前，他肯定认为我是在炫耀学问，也肯定会争辩，甚至强词夺理，但现在这个人却如此谦虚、诚恳。"他不禁赞叹道："学海兄，不，了凡兄，士别三日当刮目相看。"

费锦坡对"了凡"二字的诠释，既说出了这个名字的深意，更道出了人生逆袭的三个阶段。

第一个阶段，了解平凡，接纳自己。

了解平凡，不等于趋于平庸，而是接纳真实的自己。一个人如果有接纳自己的勇气，人生将完全不同。但这并不轻松。我们曾做过一个简单的心理问卷调查："你第一次从录音中听见自己的声音时，是喜欢，还是不喜欢？"

在100份问卷中，有90人回答不喜欢。有的人说："天呀，那个声音太尖厉、太刺耳，我讨厌它。"有的人说："那个声音真的是我发出来的吗？丢死人了。"有的人听见后，急忙用双手捂住耳朵。即使有些人的声音很悦耳动听，但发出声音的人还是不喜欢。央视一位著名主持人谈到第一次出镜时的情形，他说，看见电视里有个陌生人说话，他没有回过神来，心想："那是谁呀，傻乎乎的，声音那么难听，整个一个愣头青。"

这个有趣的问卷调查表明，有90%的人不喜欢甚至讨厌自己的声音，可他们却一直在用这个声音与父母说话，与对象谈恋爱，与朋友交谈，与上司沟通。可见，喜欢上自己的声音，及其全部的自己，是一项有点难度的工程。但不管多难，也要完成。因为只有喜欢上自己，才能改变自己。改变的动力源自爱，而不是恨。

第二个阶段,改变、了断凡夫俗子的人生。

对袁学海来说,他孤独、悲伤、抑郁和绝望,都是因为活在算命先生的嘴巴中,没有活在自己的生活中。他按照孔先生给他的人生剧本,当了别人的替身。那种削足适履的感受怎能不令他痛苦和绝望。

从这个角度来看,袁学海是一个彻头彻尾的"二手货",他用二手的想法、二手的感受、二手的行为,过着二手的人生。袁了凡要了断这种拧巴状态,就必须先了解这个"二手货",理解他为什么会那样,然后接纳他。人是很难改变的,除非他感到自己被接纳、被尊重,有自主选择的权利,可以选择改变,也可以选择不改变时,在这种充满安全、放松、自在的关系中,真正的改变才会到来。正如心理学家卡尔·罗杰斯所说:"一个有趣的悖论是,当我接受自己原本的样子时,我就能改变了。"

改变从允许不改变开始,这或许是改变最大的秘密。

第三个阶段,了不起的人生。

每个人的生命都是大自然的惊鸿一笔。如果你没有在人生海海中像一滴水一样消失在大海中,没有在挫折和打击面前丧失信心和勇气,没有把光阴浪费在重复别人的生活上,没有被世俗的力量所裹挟……你活出自己,就远离了平凡。

每个人真正的工作只有一个,那就是回归自我,找到自己的命运,而不是随便某个命运,然后完整地把它活出来。任何其他的活法,都不是完整的人生,都是对自己内心的恐惧与背叛。心理治愈是一条找到自我,并把它活出来的旅程,而每一个有勇气上路的人,都是了不起的。

改名字与打麻将换风

四个人打麻将,东南西北,各坐一方。如果你手气背,总不和牌,换一个位置,俗称换风之后,手气往往会变好。

为什么打麻将换风会带来好手气呢?

换风是一种颇具仪式感的举动,是给过去画上一个句号,是在暗示你:霉运已过去,一切将重新开始。如果你将过往抛诸脑后,便能从挫败感中走出来,以崭新的状态处理摸上来和打出去的每一张牌。你的心态变了,想法和行为随之变化,手气自然也会慢慢好起来。

一些人改名之后,命运之所以发生转变,与打麻将换风其实是同一个道理。他们通过改名与昨日挥手告别,以新的想法、新的姿态进入生活。他们换了一个名字，换了一种心理，换了一种活法，理所当然也就换了一种命运。

例如，顶着"朱重八"这个名字，无非是想衣食无忧，过上好一点的日子，而改名"朱元璋"后，想法就大不一样了。"朱"与"诛"谐音，"元"指元朝，"璋"是一种利器。"朱元璋"的想法是诛灭元朝，改朝换代。这样的想法与之前不可同日而语，命运当然翻天覆地。

同样，顶着"袁学海"这个名字，人的想法是"学海无涯苦作舟"，像其他人一样，刻苦学习，努力考秀才考举人考进士，读书做官。而改名"袁了凡"后，想法则迥然不同。读书做官不再是唯一目的，修炼心性，提升灵魂，活出自己的独特性及其存在的自主性，才是他一生的追求。他的格局大了，命也就宽了，便能超凡脱俗。

广州白云山能仁寺有一副对联：不俗即仙骨，多情乃佛心。

俗，是人云亦云，千人一面，万人一腔，正如"袁学海"那个名字所显示的：学习别人，模仿别人，重复别人，成为别人，在死读书读死书的日子里，把自己变成一滴水，消失在大海中，毫无存在感和价值感。

什么是不俗？坚持自我，就是不俗。活出自我的人，本身就修炼出了仙骨，无论在什么地方、哪个领域，都是一道亮丽的风景，具有独特的魅力，就像"袁了凡"这个名字所蕴含的。

虽然名字仅仅是一个符号、一种称谓，但名字的改变，其实是观念和认知的改变，是思想和行为方式的改变。如果你深味名字的含义，别人每叫你一次，都是一次提醒、一次心理暗示，日积月累，就会撬动潜意识，让你朝着名字所指引的方向走去，最终名副其实，活成名字所期待的那样。或许，这才是一些人改名之后命运发生转变的原因。

换一个词，换一种心境

改名让袁了凡体会到，不同的词语对内心的影响完全不同。他过去说话时，总喜欢用"应该"这个词："你应该这样""不应该那样""这个错误应该避免""那件事情不应该发生"……当别人没有做到他所说的"应该"，或事情没有朝他"应该"的方向发展时，他就会生气、动怒。

一天，袁了凡在路上被一块西瓜皮滑倒，这本来不是什么大不了的事情，可最后他却怒不可遏。晚上写"功过格"时,他仔细琢磨究竟是什么原因造成他情绪失控的,是那块西瓜皮吗?突然,灵光一闪,他察觉到,那块西瓜皮远不至于让他怒气冲天。真正让他情绪崩溃的,是"应该"这个词。当他被西瓜皮滑倒后,他忍不住在心中说:"太不应该了,这些人怎么能将西瓜皮扔在路上呢?""他们不应该这么做。"……当无数个"应该"出现后,他越想越生气,于是怒气"噌"的一下就蹿了上来。

经过反思,袁了凡察觉,几乎每次发火都是"应该"在作祟。只要一说"应该",情绪就会陡然升级,一发不可收拾。为什么会这样呢?因为"应该"与"不应该"给人划定了一条固定的线路,只有走在"应该"的路上,才是正确的,其他的路都是错误的、不应该的。这种带有强迫症性质的主观划分,看不见其他的选项和出路,也不能接纳生活的不确定性,相当于画地为牢,走进了限制性思维的死胡同。换言之,袁了凡容易生气,就在于当他用"应该"与别人交往时,发现很多人都不在他框定的"应该"之路上,他觉得别人,甚至整个世界都在与他作对,所以气急败坏,恼羞成怒。

袁了凡发现,如果将"应该"换成"可以",感受就完全不一样了。"应该"给人的感觉是"只有这个,没有其他",而"可以"则给人以选择:"他可以选择这个,也可以选择其他。"用"可以"代替"应该",不再强行要求别人,在给别人选择的同时,自己的内心也开放了很多、轻松了很多、自由了很多。他不再像从前那么偏执、焦虑、挫败,也不容易生气了。

除"应该"之外,袁了凡还察觉到,如果他说"我不能"时,会有一种无助感,而换成"我不想"时,则立刻感觉自己有主动权和选择力。

不同的词,撬动不同的心;换一个词,换一种心境。

袁了凡进行词语大换血之后发现,原来自己内在一直有一股力量,只不过被那些有害的词语限制、压抑得太久,而伴随着新词语的运用,那股力量汩汩流出,势不可当。

掰起指头数心,清洗焦煳的人生

一次,有人问米开朗琪罗:"你是如何创作出《大卫》这样的巨作的?"

他回答说:"很简单,我在采石场找到一块巨大的石头,我在它上面看见了大卫。我要做的只是凿掉多余的大理石，大卫就诞生了。"

米开朗琪罗创作《大卫》的过程分为两步：找到与凿掉。

不只雕塑，人生也是如此：第一步找到自我，第二步凿出自我。

丹麦心理学家、哲学家克尔凯郭尔说，人生有三种绝望：找不到自我、不愿意有自我、不能够做自我。袁学海的绝望，是第一种绝望，而他的抑郁，则是在不属于自己的夜路上走得太久。

如果说《了凡四训》中的第一训——"立命之学"，是找到自我，那么第二训——"改过之法"，就是通过凿掉多余的东西，成为自我。

要找到自我，须得觉察内心，而觉察内心，类似于曹德旺所说的"数心"。

曹德旺9岁时，母亲对他说："穷不可怕，最怕没有志气。穷要穷得清，富要富得明。"

后来他因为调皮而失学，跟随父亲做生意。父亲对他说："做事要用心，有多少心就能办成多少事，你数一数，有多少心啊？"

"用心、真心、爱心、决心、专心、恒心、耐心、怜悯心……"曹德旺掰着手指问父亲,"有那么多心吗?"

"当然有。"父亲说,"当你悟到爸爸讲的道理时,爸爸或许已经不在人世了。"

后来随着事业的发展,曹德旺数出来的心,已经不是双手能够容得下的了。而当他领悟到这些时,他的父亲已不在了。

数心,是觉察内心。如果缺乏这份觉察,心就如同一团糨糊,不分青红皂白,眉毛胡子一把抓。当袁了凡尚未用功过格觉察内心时,就是如此。那个时候,他的心多么像一口烧焦的锅,高温将各种食物与锅粘连在一起,除了黑糊糊一团,什么也看不见;除了一股焦煳味,什么也闻不到。内心的焦煳亦如锅的焦煳,在混沌迷糊中,分不清哪些是真实发生的,哪些是自己想象出来的,所以常把想法与事实、过去与现在混淆在一起。

美国心理学家史蒂文·海斯将这种现象叫作"认知融合"。

所谓"融合",其实是一种粘连,一种僵硬,一种焦煳。袁学海将算命先生的话当成事实,深信不疑,就是一种认知粘连。在袁学海的认知中,他分不清哪个是真实的自己,哪个是算命先生算出来的自己,他把这二者粘连在一起,剪不断理还乱。认知一旦粘连,心就一片焦煳,这是"灵魂的黑夜",让人备感凄凉、孤独。

如何摆脱焦煳状态,让心变得透亮,具有弹性与活力呢?

想象一下,如果你家里的锅烧焦了,你在洗锅时,是不是会用刷子、钢丝球,一点点将焦煳的污垢弄下来,用清水一遍一遍冲洗,才能露出锅的本色?这个将焦煳的东西与锅剥离清洗的过程,就是接纳承诺疗法所说的"认知解离",即清除认知粘连。

从小到大,在林林总总的生活环境中,我们通过移情和投射粘连上了太多过去的经历、想法和记忆,模糊了真实的自己。只有清洗和凿掉那些粘连物,才能凸显出真实的自己。

西方有一句话:"将内心呈现出来,它将拯救你;如若不然,它将摧毁你。"所谓呈现内心,就是数心,即觉察内心。这种觉察,好比是将心中焦煳的东西刮下来,让它们漂浮在意识清澈的水面,以便能清晰看见:哪些是真情,哪些是假意?哪些是本心的善,哪些是附着的恶?

换言之,洗锅让锅露出本色,就相当于明心见性。

而当一个人明心见性时,他就觉醒了、开悟了,找到了真实的自我，呼唤出了内在的力量。

当然，袁了凡在用功过格数心和清洗焦煳人生时，不仅数出了光明之心，也数出了很多不怎么光明的心，诸如贪心、嫉妒心、功利心、怨恨心、虚荣心……与此同时，他意识到，要凿掉这些不光明之心，还需要具备另外三颗心——羞耻心、敬畏心，以及勇敢的心。

不脱内裤的良知：自我疗愈的起点

有一个流传很广的故事，与袁了凡同朝代的王阳明，为官一方时，曾经抓住了一群强盗。强盗说："要杀要剐，随你，别啰啰唆唆，说什么人人都有良知之类的鬼话。"言外之意，他们是强盗，没有良知。

"强盗也有良知。"王阳明说。

"你有什么依据？"强盗一脸不屑。

王阳明让他们一层层脱掉外衣、内衣，最后只剩下一条内裤。

"继续脱！"王阳明说。

"这个不能再脱了。"强盗叫道。

"你看，这就是你们的良知。"王阳明笑道。

这个故事很精彩，王阳明用一条内裤，说明人类的良知与羞耻心是连在一起的。

不脱内裤的良知，指的是羞耻心。在凿出自我或自我疗愈的过程中，羞耻心非常重要。古人说，知耻近乎勇。"知耻"是觉知自身的毛病，并感到愧疚。这是自我疗愈的起点，也是改变的动力。人身上有很多毛病，诸如喜欢发脾气、功利心强、虚荣心重、心眼小、爱占便宜、太懒、做事浮躁等。这些东西隐藏在身上，却经常不被察觉。

有一位女士，有一阵子头总是昏昏沉沉的，还胃痛胃胀，我陪她一块去找中医罗大伦博士。罗博士看了她的舌头，摸了摸脉，问："您是不是爱生气？"她回答说："没有啊！我脾气一直很好。"听完她的回答，我几乎三观尽毁。她是我认识的人中最喜欢发脾气的一个，在单位里人际关系一团糟。如果说她脾气好，恐怕这世上坏脾气的人就没有几个了。

但人往往就是这样，对自己身上存在的毛病缺乏觉知，即使偶尔有察觉，也极力否认。所以，承认自己有问题不是懦弱，恰恰是勇敢。而且这种勇敢不是鲁莽，是觉知后清醒的无畏，是点亮心灯。

知耻的关键,是觉知。幻想光明是没有用的,唯一的出路是觉知阴影、走出阴影。如果你一直躲在阴影中,阳光自然照不到你。

袁了凡说,一个人如果能觉察到自己的问题,有强烈的愧疚感和悔改之意,足以洗涤沉积多年的恶习,这就好比,幽闭一千年的黑暗山谷,只要有灯光照进来,就一下子除掉了千年的黑暗——"譬如千年幽谷,一灯才照,则千年之暗俱除"。

但也有一些人由于缺乏觉知走向另一个极端,他们背负了太多的羞耻心,陷入愧疚的深渊。我见过一位女士,十分害羞,与别人交谈时会脸红,而且超级容易后悔,动不动就自责,觉得一切都是自己的错,弄得精神疲惫不堪。她才30多岁,看上去比50多岁还老。究其原因,是愧疚感太重。王阳明说,后悔的目的在于改过,如果有太多的悔恨和自责滞留在心中,则会让人患上其他心病。[1]

---

[1] 《传习录》:"悔悟是去病之药,然以改之为贵。若留滞于中,则又因药发病。"

心存敬畏：戳破自大的泡沫

曹德旺在谈到"恒大"事件时，说了四个字——敬天爱人。他所说的这个"敬"字，是"敬畏之心"。

人倘若失去敬畏心，便会为所欲为，形成自大的泡沫。而一个在泡沫中"自嗨"的人，是不愿承认事实、看清真相的，这不可避免会招致灾祸。

比如，一些名字取得很大很响亮的公司，尤其是那些名字明显违背自然规律的公司，诸如"恒大""恒泰""龙恒""恒宇"等，炫目一阵之后，慢慢就如《桃花扇》中所唱的那样："眼看他起朱楼，眼看他宴宾客，眼看他楼塌了。"万物皆流动，无物常驻。没有任何东西能够永远"大"下去、"泰"下去，地球都有毁灭的一天，"恒大"不过是一种自大、缺乏敬畏心的表现。也可以说，是傲慢到了对自然规律蔑视的程度。什么是"妄念"？这就是典型的"妄念"。公司名字体现了创始人的想法，带着这样的想法去经营，结果不言而喻。

与之相反，好的企业家，都心怀敬畏。比如，当微软如日中天的时候，比尔·盖茨说："微软离破产永远只有18个月。"正是因为心怀敬畏，微软才一步步走到今天。人有生老病死，公司也有寿命期限。对于这些，必须心怀敬畏。如果执着于"恒大"，或如歌词唱的"我真的还想再活五百年"，大概率不是死得很惨，就是活得很焦虑。

对于敬畏心缺失所导致的后果，袁了凡十分了解。他认为，即使在没有人看见的地方做坏事，天也知道，并会一一记录下来，重则让你遭遇各种灾祸，轻则让你折福。这个"天"，就是因果法则——种什么因得什么果。

人可以不迷信，但必须懂因果，所有的事情都不是无缘无故的，皆有原因。你天天大鱼大肉，就难免会得高血脂或脂肪肝。

有前因，必有后果。因果法则至高无上，无论是谁、什么学历、在哪个位置，他今天的样子皆是过去的"因"结出的"果"。袁了凡在自我疗愈的过程中，对因果法则了解得越深，就越觉得自己必须改变心性。他怀着敬畏之心，每天用"功过格"反思自己的言行，不敢心存侥幸，有丝毫懈怠之意。

勇者的抉择：在"小死"中"大生"

我有一个邻居，总嫌小区物业管理不好，想要搬走，可真说到卖房搬家时，她又有诸多不舍，比如小区在北京二环内，地理位置超好，购物就医十分方便，且容积率只有1.5，在市中心少有……这些都是她放不下的。她一方面想搬走，一方面又顾虑重重。就这样，她在自己不满意的小区里住了十多年，也抱怨了十多年。想必这种想要改变又害怕改变的心理，很多人都有。

我们经常想换一种活法，可是一说到改变，又不愿采取行动。生活中很多束缚，表面上看是金钱、时间、年龄、性别和人际关系方面带来的，但实际上是心理上的，是自身缺乏勇气的表现。

心理治愈的本质是改变，而改变的第一要义是勇敢。事实上，敢于接受心理治疗的人都是勇士。他们不仅敢于承认自己有问题，忍受身边不理解之人的诟病和嘲笑，还敢于杀死自己奉行了多年的价值观、认知，以及喜欢的说话方式、行为习惯等。正是因为心理转变的过程如此艰辛、痛苦，所以有人将它比喻为生命中的"小死"。

"小死"的要义不是死，而是要有勇气重新活过来。这勇气相当于从肉里生生拔出一根芒刺，或砍断被毒蛇咬了的手指，在疼痛中迎来生命的凤凰涅槃。比如荣格，曾患有精神分裂症，经过痛苦的自我疗愈，成为伟大的心理学家。比如玛莎·莱恩汉曾是一位被囚禁的"疯狂病人"，经过挣扎和炼狱，成功治愈，后来创立辩证行为疗法，让成千上万人获益。

如果我们害怕疼痛，没有勇气"小死"，不敢杀死扭曲的价值观，不敢枪毙错误的认知，不敢处决病态的行为模式，那么我们就会一直受其所困，无法获得"大生"。

所以，像袁了凡这样勇于承认自己有问题，开始自我疗愈的人，绝不是意志薄弱者，他们远比其他人勇敢、坚强，也远比其他人聪明、智慧。

自知者是明白人，敢断腕才是壮士，"小死"是一次英雄之旅，是从地狱到天堂，路过人间。

第五章

所有荒诞行为的背后，都有一条心理暗流

牛人能看见原因背后的原因

功过格表面上是记录行为，实质上是通过行为觉察内心。比如，袁了凡在填写功过格时，很快就察觉到他做错一件事，背后有三个层次的原因：事情本身的原因，能说出来的原因，说不出来的原因。

与之相对应，改错方式也有三种：第一种就事论事，从事情上去改。比如，他昨天发了脾气，发誓再也不发脾气了，今天遇到生气的事情时，强行把怒气忍下去。但今天忍了、明天忍了，一忍再忍之后，怒气越积越多，总有

一天会大爆发。这种改变方式，不能真正解决问题。

第二种是从道理上去改。"未禁其事，先明其理"，即在改变某种不良行为之前，先把其中的道理弄明白。比如想不发脾气，就要把发脾气的坏处和不发脾气的好处，诸如此类的道理弄清楚。虽然此种方法比前者效果好一些，但很容易陷入一种尴尬的情形：道理全都懂，就是改不了。

最有效的方式是第三种，从心上改。袁了凡说"过有千端，惟心所造"，意思是，一切形形色色的外在失常行为，都源自你还没有觉察到的内心，它们就像一条心理暗流，在你的心中涌动，推动着你的言行。

不得不说，袁了凡"从心上改"的发现是了不起的，触及了心理治疗的根。每个人的行为背后都有一些表面原因，但这并不是真实的原因，在表面原因下面还藏着很多隐性的动机，由于没有察觉，不能示人，所以成了心中的秘密。心理治愈的作用，就是帮助人们揭开秘密，看见流淌不息的心理暗流，了了分明。

奥地利心理学家阿尔弗雷德·阿德勒讲过一个故事。三个小孩去动物园，站在狮子笼前，第一个孩子躲在妈妈的裙子后面说："我想回家。"第二个孩子站在原地，脸色苍白，抖个不停，说："我一点也不怕。"第三个孩子毫无惧色地盯着狮子，问他妈妈："我可以朝它吐口水吗？"

看见狮子后，三个孩子，三种不同的行为表现，其实都源于同一种心理暗流：害怕。

第一个孩子感到害怕后，选择逃避；第二个孩子选择说谎；第三个孩子选择吐口水，攻击。

如果父母不弄明白心理暗流，当孩子出现逃避、撒谎和攻击行为时，不问青红皂白，只想通过吼叫、训斥，甚至打骂来纠正他们的行为，就是在用就事论事的方式，即用情绪对抗情绪，用行为改变行为。这种方式就像劳动改造，带有强制性，必然招致抵触和反抗，不仅无用，还会弄得亲子关系如同仇人。

还有一些父母，经常会用讲道理的方式来改变孩子的行为。例如，对孩子说"听话，咱们刚到动物园，还有很多地方没看，现在不回家"，或者说"不要撒谎，撒谎不是好孩子"，或者说"不许向狮子吐口水，那样不文明"，这些大道理就像鸡同鸭讲，没有与孩子共情，孩子根本听不进去，一点效果都没有。但是，如果父母能看见孩子行为下面的心理暗流，发现"害怕"是其行为的根源，也就很容易找到解决问题的方法。

事实上，能轻易说出来的原因，都不是真正的原因，那个没说出来的原因，才是最真实、最根本的。而牛人，往往能看见原因背后的原因，因而也能从心理层面去改变。

吹牛：追求纸糊的优越感

过去，袁学海的人际关系很糟糕，没有多少贴心朋友，费锦坡算是他唯一的知己。究其原因，是他在与别人交往时，喜欢吹牛，夸夸其谈，抢风头，常凭借自己的才智压人一头。不少同学和朋友背后议论，说他傲慢、清高、盛气凌人，谁要是跟他交朋友，谁就瞎了眼，肯定会吃苦头。

在栖霞山中，当着云谷禅师的面，袁学海承认了自己的毛病，并发誓改变。但知道自己的毛病是一回事，想改变是一回事情，能不能改变则是另外一回事。

最初，袁了凡强行用意志力来改变自己，但结果只能改一时，过不了多久，故态复萌。就像现在很多人戒烟，戒了又抽，抽了又戒，循环往复，不能根除。

后来，他又尝试用讲道理的方式，不断告诫自己："将心比心，换位思考一下，如果别人这样对你，你会舒服吗？""你不是知道因果法则吗？天道轮回，你这样对待别人,总有一天别人也会这样对待你。""赠人玫瑰,手有余香,当你抓起泥巴扔别人的时候,首先弄脏的是自己的手。"……这些道理袁了凡全懂,但就是忍不住会犯老毛病,直到他察觉这些毛病下面的心理暗流,事情才有了真正的起色。

其实,袁了凡那一系列令人讨厌的行为背后,都源于同一种心理——自卑。但一直以来,他都没意识到。表哥沈科考中进士,而他连个举人都考不上;别人儿孙满堂,而他却无后;别人活得有滋有味,而他只能活到53岁,就一命呜呼……所有这些都令他感到自卑。

自卑是一种非常普遍的感受,有的因为相貌,有的因为身高,有的因为出身、学历、成绩,或者单眼皮……尽管每个人都有自卑感,但没有人能长期忍受自卑,都会采取行动突围,获得一种优越感。

自卑感是一种"觉得自己比别人低下"的感觉,会让人自惭形秽,而优越感是一种"觉得自己优秀的感觉",能够赋予人存在感和价值感。

无论是感到自卑,还是追求优越感,都是正常的、健康的。如果有足够的勇气,敢于直面自身的缺点,通过不懈努力,就能弥补欠缺的部分,获得优越感,实现人生的超越。

我认识一个男人，身高只有1.57米，虽然我个子也不高，但与他面对面站在一起说话时，却不得不低头俯视。初次见面，看着他又矮又矬的样子，我想这个男人的内心该是多么自卑啊。后来，得知他是一位小提琴家，音乐造诣很深。一次去音乐厅，听他演奏《梁祝》，他在台上的气质和风度，谁也不敢小觑。一把小提琴如泣如诉，时而轻柔婉转，时而深沉激昂，他用音乐表现的凄美爱情，触动了在场每一个人。曲终，全场起立，掌声雷动。那一刻，我为之前的想法感到惭愧。个子矮小或许令他自卑，但他在音乐方面的成就，不仅超越很多同行，也超越自卑，获得了扎实的优越感。

事实上，人终其一生的奋斗路径，就是从自卑到超越。我们努力学习、拼命工作，都是为了了断自卑，从凡俗升至卓越，就像"了凡"这个名字所蕴含的。以阿德勒为例，他小时候个子小、驼背、学习成绩不好，而且按照中国人的说法，他还是一个"扫把星""倒霉蛋"：晚上与弟弟睡在同张床上，不知道怎么回事，第二天却发现弟弟死在了他身边；他两次被车撞；五岁时得肺炎差点死掉。但就是这样一个自卑的孩子，通过自身努力，超越自卑，成为伟大的心理学家。

每个人都在追求优越感，正常与病态的区别，不在努力的动机，而在选择的方式。如果没有勇气正视自己的缺点，又不愿意通过努力在自己天赋擅长的方面表现出色，获得真实的优越感，而是虚张声势、自我麻醉，追求精神上的胜利，那么这就是病态的，得到的不过是一种"纸糊的优越感"，一戳就破。袁了凡之前在别人面前大声说话，指手画脚，动作幅度大，总想用才智压别人一头，其实就是在感到自卑之后，追求"纸糊的优越感"，过过嘴瘾。他涌动的心理暗流是"如果我不这样，别人就会小瞧我，不把我当一回事"。还有，他看到别人在某方面强过自己，感到自卑后，便通过嘲笑、打击或贬低对方，获得一点粗鄙的优越感，也是源于这股心理暗流。

阿德勒说，每个看似高人一等的行为背后都隐藏着自卑。同样，那些千奇百怪的举动、奇葩的言行，都是在追求"纸糊的优越感"。比如，在事业上无所作为的丈夫，在家里却颐指气使，他感觉弱小，便通过欺负更弱小的妻子来咂摸一下强大的滋味。再比如，现实生活中懦弱的人，却成了网络上的"键盘侠"。

更奇葩的是，还有人通过炫耀自己的不幸来获得优越感。一个遭遇不幸的人，当他说"你遭遇的那点不幸，哪能跟我比"时，他就是在从不幸中追求优越感。我读研究生时的师弟，是一个孤儿，他经常对别人谈起自己的不幸。过去，我不理解他为什么总是要把自己的伤疤露出来给别人看，难道仅仅是为了获得同情吗？现在我知道，他不仅仅是为了博取同情，还是在用这种方法获得优越感："看，我比你们吃的苦都多。"换言之，在"不幸"这一点上，他比别人都突出，有"优越感"。只要一个人把不幸当成一种"优越感"来用，那么他就永远需要不幸。我那位不幸的师弟，无儿无女，后来离了婚，孤苦伶仃，几年前失踪，大概率已经不在人世了。

人只要有自卑感，就会不遗余力去追求优越感，这是人之常情，没有错，错在用扭曲的方式追求"纸糊的优越感"。当袁了凡通过功过格觉察到这些之后，他便老老实实接纳平凡的自己，脚踏实地去追求实实在在的优越感，于是那些自吹自擂的毛病就逐渐改掉了。

尿床：在床单上刷存在感

袁了凡在"改过之法"中，有一句鞭辟入里的话——

"过由心造，亦由心改"，翻译过来就是：既然问题行为是由心理暗流推动的，那么就要从暗流入手，唯有如此，才能带来真正的改变。

我曾尝试用这种方法分析过去，一下子就明白了很多奇奇怪怪的事情。

记得8岁的时候，我还尿床，爸爸把尿过的被子晾在太阳下，尿痕蜿蜒曲折，活脱脱一幅地图。来来往往的叔叔阿姨看见后，说："咦，这个娃儿又画地图了。"引来小朋友们围观、哄笑，弄得我十分羞愧。

后来，爸爸带我去看中医。中医说，这是肾气不固造成的，可以吃猪尿泡试一试。结果我吃了很多猪尿泡，依然没有效果。

很多人以为，尿床是生理问题，其实它更是一个心理问题，从心理层面去思考，我发现了一些隐藏的秘密。

我妈妈在我9个月的时候就去世了，所以我一直很缺乏安全感。在内心深处，我觉得世界充满危险，只有获得爸爸的关注，才感到安全。如果爸爸忙于其他事情，忽略了我，我渴望被关注的需求没有得到满足，就会想方设法去寻求——尿床，就是我寻求关注的方式之一。

我觉得把"尿床"比喻为"画地图"，简直绝妙之极。

我就是用尿在床单上画地图，提醒父亲："嘿，我在这里，您要关注我，不要将我遗忘。"当然，除了在床单上刷存在感之外，尿床还表达了我心中的不满和愤怒："您为什么不关注我？我很生气，我要尿床，我要给您制造麻烦。"

有一个22岁的大小伙子，从8岁开始就不间断地尿床，以至于他考入大学后这个毛病也没有改变。后来怕同学笑话，他办了退学，赋闲在家。父母带他看遍了中西医，吃药无数，始终不见效，医学上也检查不出任何问题。父母走投无路，找到了一位心理医生，抱着试一试的态度去咨询，才找到了真正的原因。

原来，男孩8岁那年家里有了一个妹妹，因为年龄差距悬殊，爸爸妈妈对妹妹极尽宠爱。男孩在潜意识中想：没有妹妹时，他都是一个人享受着父母的爱，为什么有了妹妹，爸爸妈妈就不再对自己好了呢？爸爸妈妈经常跟他说的一句话就是："你都这么大了，妹妹那么小，你要让着她。"慢慢地，这个男孩觉得，如果他也是小孩子，爸爸妈妈就会来疼爱他了。

一天睡到半夜，他忽然"大肠痉挛"，肚子痛得不得了，爸爸妈妈赶紧过来安慰他，他找到了小时候被关注和疼爱的感觉。从那天开始，他觉得，如果自己弱小，弱化为婴儿，就能一直得到爸爸妈妈的关注和爱,而要成为婴儿,一个最重要的标志,就是尿床。

阿德勒说,尿床其实很有创意,孩子是用膀胱而不是嘴巴表达诉求。

要改掉尿床这个毛病,我们固然可以用中医的方法来巩固肾气,但或许对孩子来说,关注,就是补肾,且不可或缺,这一点比什么都重要。

一个不被关注的孩子,总是会制造出一大堆麻烦。

缺乏关注的孩子,除了通过尿床,还会通过其他稀奇古怪的方式来寻求关注,或宣泄不满。例如,惹是生非、上课时扔橡皮、大声说话、逃学、抽烟、饮酒,甚至割腕、伤害别人等,这些寻求关注的方式一旦形成固定模式,带入成人世界,无疑会给人生带来麻烦,令未来之路荆棘丛生。

所谓心理疾病,不过是人心苦涩的表述

袁了凡的"改过之法"其实告诉了我们一个治愈之方:解决任何问题,不要就事论事,而要从心理层面看问题,

才能触及问题的本质。

有一个小女孩,上小学了,还不能说话,是个哑女。她的父母找了很多中医、西医治疗,都没有效果,甚至连是什么病都没查出来。一天,父母带着她找到中医罗大伦博士。见面的时候,只见小女孩的一双大眼睛忽闪忽闪地眨着,很可爱,也很机灵,但就是不说话。罗博士详细询问了小女孩的情况。

原来小女孩从前并不是哑巴,一直很爱说话。她们家有三个孩子,她是老大,老二也是一个女孩,老三是个儿子。小女孩得病,是发生在弟弟出生那一年。由于父母对弟弟疼爱有加,把全部精力都放在弟弟身上,小女孩感到自己在情感上被遗弃了。为了吸引爸爸妈妈的关注,她开始抢着说话。但每次抢话的时候都会被妈妈训斥:"闭嘴,赶快到一边去!"经常遭训斥的她,最后真的闭上嘴,不说话了。

小女孩不说话之后,家人开始担心、焦急。聪明的小女孩发现,自己说话会被训斥,不说话反倒能引起爸爸妈妈的关注和关心,于是便出现了心理学上的"躯体化现象",即把心理问题转化为身体问题,患上了不说话的病。

小女孩的病难治,是因为她在潜意识中压根就不想治。

用阿德勒的理论来分析,她之所以无法改变,是因为她下了"不改变"的决心。她的心理暗流是这样的:病,是自己获得关注的方式,可以把爸爸妈妈的关注集于一身,而且还可以得到他们无微不至的照顾,既然能从不说话中获得这么多的好处,为什么要治好它呢?

小女孩的内心如此古怪、荒谬,却又无比真实,说明心理疾病会导致身体疾病,而所谓心理疾病,不过是人的心理需求没有获得满足的一种苦涩的表述。

其实,人的心理需求很简单,就那么几种,对安全感的需求、关注与爱的需求、尊重和自我实现的需求,但如果这些简单的需求得不到满足,人的行为就会变得非常复杂,令人不知所措。不过,只要从心理层面入手,很多非理性的行为、疯狂的举动、滑稽的表现,都能看得一清二楚。

洁癖,一种怪异的逃跑

时光飞逝,转眼,冬去春来。一天,袁了凡与同学们一起出门踏青。没想到,草地上一坨狗屎被他踩着,还弄脏了手，他心里说不出的难受，急急忙忙跑到河边不停地洗手。

晚上回到宿舍，填写"功过格"时，不由得想起在北京的那天，因为碰到一只"吊死鬼"，他居然跑回宿舍，洗了两个时辰的手，好几天不敢出门。今天的症状虽然比那时轻了许多，但依然浑身不舒服。他想弄清楚为什么自己的心容纳不下一坨狗屎？

在一些人看来，洁癖者是爱干净，以至于成癖、成病。其实不然，他们不是爱干净，而是怕脏，或者说是因为怕脏，才强迫自己爱干净。在洁癖者的心中，爱的成分不多，怕的成分占主导。他们一看见或碰到脏东西，就惊慌失措，恐惧不安，歇斯底里地逃避。而且他们所谓的脏也不是真正的脏，更多是主观臆想，正因如此，洁癖者的行为才会那么奇葩、荒诞、疯狂。

据说，香港女明星刘嘉玲有严重洁癖，她与女明星舒淇关系很好。一次，舒淇去她家做客，借用了她的卫生间，她不堪忍受，竟然叫人来把卫生间里的马桶和墙砸掉，全部换上新的，可想而知舒淇知道这件事后的感受。

洁癖者明知道自己的行为夸张、荒诞，但就是忍不住。就像我知道飞机是世界上最安全的交通工具，但仍然控制不住会怕坐飞机一样。

人活在世上，不可能不接触到脏东西，真实的世界中有洁有脏。弗洛伊德说，人类于屎尿中诞生，无论如何将其美化，也不能改变这一事实。屎尿是脏的，新生婴儿是干净的，这就是世界真实的模样。

心理健康的人具有承受痛苦的能力，同时也具有忍受脏的能力，因为他们知道世界不是非黑即白的，痛苦能带来教益，荷花出自污泥。但由于洁癖者内心僵化，采取的是非黑即白的二元思维，他们不是住在客观的世界中，而是住在自己营造的主观世界中。当客观世界与主观世界格格不入时，他们或者一根筋地认为，事情"应该"这样，而不"应该"那样，从而气急败坏；或者选择回避、逃跑。对袁了凡来说，愤怒使他向前攻击，而洁癖是一种怪异的逃跑，逃回主观世界，一层层将自己包裹得严严实实，与真实世界完全隔离。

在反思中，袁了凡觉察到，他的洁癖其实不是在与狗屎较劲儿，而是在与整个世界搏斗，难怪他如此紧张、焦虑、恐惧、疲惫。他必须停止这场必输无疑的较量，将自己敞开，暴露在真实的世界中，在接纳狗屎的同时，享受大自然的雨露阳光。

当他正沉浸在思考中时，突然，咚咚两声，外面有人敲门："了凡兄，是我，费锦坡，能进来吗？"

袁了凡知道，费锦坡是因今天发生的事来安慰他的，如果是从前，他会拒绝，但今天他却想将自己暴露出来，锻炼一下忍受脏的能力。

"你还好吧？"费锦坡进门后说。

"还行，请坐。"

"我还是站着说话吧。"

"不，你就坐我床上。"

"了凡兄，我发现你与从前有很大的变化，你过去特别爱说'应该'，现在不怎么说了。"

"锦坡兄，别提了，刚才我还在跟白天那坨狗屎较劲儿呢。"

看着费锦坡坐在自己床上，袁了凡感到有些硌硬、烦躁，但他忍住了，当难受的高峰过去后，他淡定了很多。奇怪的是，他发现自己竟然能从克服洁癖中，获得一种成就感。高兴之余，他知道，这不是终点，而是开始。

选择性反应：
我才是那个决定我自己是谁的人

经过一段时间的自我疗愈后，袁了凡觉得自己和从前大不一样了。以前，他除了有洁癖强迫症之外，还放纵自己，负才使气，想发脾气就发脾气，想不理睬谁就不理睬谁。即，他应对事情的方式是自动化条件反射，非常迅速，只要遇到刺激，不用经过大脑思考，就会自动做出反应。这种反应就像你双腿交叉，医生用小槌轻轻敲击膝盖，你的脚就会自动弹起来一样，特别容易冲动、任性，一点就着，还没等看清是怎么回事，就在情绪和行为上做出了反应。心理学家史蒂文·海斯认为，这是心理僵化的表现，而心理僵化是导致人类痛苦和功能性障碍的根源。

我有一位朋友特别喜欢打麻将，他打麻将时，手麻利地摸牌、码牌、出牌，嘴还说个不停。他麻将打得很好，却总容易犯一个低级错误：诈和。经常一赔三。后来得知，他患有躁郁症，他打麻将的"快"，是一种思维奔逸，不能专注于自己正在做的事情上。也可以说，他手上动作麻利,不过是一种自动化条件反射,没走心,没过脑,是大脑活动减弱,脊髓活动活跃,失去了对当下的觉知,所以才容易诈和。对于他这种状态,葡萄牙诗人佩索阿有两句诗描绘得十分生动——"我用手摘花,心却不曾觉察"。

同样,袁了凡之前的很多毛病也都与这种反应模式有关。例如,心浮气躁、怕麻烦,遇到问题时,不愿忍受问题带来的不舒服感,只想缩短与问题接触的时间,尽快脱身,因而总是浮在问题的表面,不能深入分析问题,找到解决方法,也不能从解决问题的过程中积累经验,获得成就感。

但现在不一样了,袁了凡遇到问题时,不再草率行事,会花时间仔细思考,做出的每一个决定,都遵循自己的心,也都是认真选择的结果。他逐渐摆脱膝跳反应模式,开始了选择性反应。膝跳反应是潜意识的自动反应,好似一个木偶,别人拉扯一下,他就动一下,被外界刺激牵着鼻子走,其生命状态如同落花,命运完全由流水说了算。而选择性反应是将潜意识转化为意识后的觉知反应,是接纳承诺疗法所说的心理灵活性,是发挥心力,创造自己的命运,赋予生命意义。

膝跳反应是漂流,选择性反应是冲浪。在生命的一次次冲浪中,袁了凡感觉自己的心活泛起来,不再一根筋,有更多选择：可以选择生气，也可以选择不生气；可以选择悲伤，也可以选择快乐。他意识到自己始终是自由的，生命不再是一杯苦酒，也有甘甜……于是抑郁症逐渐消失。

膝跳反应让袁学海变得僵化、麻木，失去活力，而选择性反应则帮助袁了凡重建自由意志，在生命的黑板上写下这样的文字——我的生活，我选择；我的命运，我说了算；我才是那个决定我自己是谁的人。

心不受束缚，人生就不会设限

之前，袁了凡总是做噩梦，抑郁症严重时，不是梦见被黑色的藤蔓缠住，窒息得要死，就是梦见被蛇咬。这些可怕的梦境投射出了他内心的压抑和扭曲。开始自我疗愈后，随着内心的转变，他的梦也开始转变。

一天晚上，他梦见自己哇哇呕吐，吐出来的东西黑糊糊一团。这个梦的寓意十分明显，那团黑糊糊的脏东西，可以代表束缚他的命数，也可以代表盘踞在心中的妄念，抑或霉运，而吐出它们，则象征他逐渐摆脱束缚。

另一个晚上，他梦见一位白胡子老人从远处走来，当老人来到自己面前时,定睛一看,竟然是庄子。庄子说:"跟我来!"然后转身飞了起来。他跟在庄子后面,竟然也飞了起来。星空下,他们飞过山冈,飞过平原,飞过大海……好一个逍遥游。

还有一天晚上,他梦见自己站在城墙上,极目远眺,大地与天空连成一片,呈现出一种博大和苍凉。突然,旌旗猎猎,战鼓声声,成千上万名身穿铠甲的士兵从远处奔向城墙,开始攻城,可是他内心一点惧怕的感觉也没有,好像自己是战神下凡。

…………

梦是潜意识传递信息的一种方式,能流露你内心未经修饰的真实想法。心灵被束缚的时候,往往会做噩梦;摆脱束缚时,一般会梦见飞翔,或者梦见自己与各种伟人在一起。梦还有一个特点,会"剧透"未来的一些场景和片段,因为潜意识会早意识很多年预知将来发生的事情。这种梦,则被心理学家荣格称为大梦。

袁了凡在摆脱束缚后,梦见自己在旌旗招展中指挥千军万马,就是大梦。我在高考落榜之后,也做过这样一个大梦。那天,我从县招生办得到消息,说录取工作已结束,我没有被录取。顿时,如同五雷轰顶,我眼前一黑,一下子瘫倒在地上。我不知道自己是怎么爬起来的，又是如何强撑着走回家的。只记得，回家之后，我把自己关在屋子里，悲伤的泪水忍不住流淌。我不明白上天为何要如此待我，9个月时失去母亲，9岁时又失去父亲，我与姐姐成了孤儿，相依为命。在别人的冷眼下，我们受尽屈辱，活得像卑微丑陋的虫子。好不容易等来高考这个改变命运的机会，谁知分数明明超过录取线很多，却未被录取。我悲愤交加，我不服，决定复读，再考。

下定决心后，我在昏昏沉沉中入睡，做了一个梦。我梦见自己被一头紫色的怪兽追逐。怪兽在后面追，我拼命在前面跑，跑呀跑，最后跑到了北京，进入一所大学。我看不清学校的名字，隐隐约约觉得不是北大，也不是北师大，但又与它们不相上下。

醒来后，我便去县高中复读，对那个梦半信半疑。一个大巴山中的穷娃儿，这辈子怎么会与北京扯上关系呢？这不是黄粱一梦吗？

第二年，我以全县文科第二名的成绩考上了成都一所大学。那个梦渐渐被遗忘。但四年后，当我接到中国人民大学研究生录取通知书时，我惊呆了："天哪，人大不是在北京吗？它不正是与北大、北师大齐名吗？"那一刻，我的感受与梦中的情形一模一样。

每个人在命运发生转折时都有大梦出现。我在悲伤逆流成河时做出的复读决定，就像在心中种下一粒种子，而梦便以它独有的方式向我展示了这粒种子5年后长成的样子。

来自我生命的这个故事说明，很多时候，人在梦中比清醒时更懂自己的心。当年，在偏远闭塞的山沟里，我衣衫褴褛，瘦小枯干，低着头、弓着背，坐在漏风的教室里，怎么也不会想到此生会坐在北京CBD亮堂的办公室里。而袁了凡一个落魄秀才，一个曾被命数框定的人，连举人都不是，想破脑袋也想不到自己将来有金戈铁马的生活，会率领中国远征军跨出国门。

不要忽视梦境，特别是"大梦"，那里面藏着你现在的认知远远未觉知的心愿，虽然当时显得渺茫，遥不可及，但当那一天终于来临时，你会发现，原来所有的过往、挫折和眼泪，所有的点点滴滴，都以某种方式串联起来，流注到你当下的生命里。

无论出生多么卑微，无论生活在拐角给了你怎样一闷棍，都不要压抑自己的心，要敞开它、跟随它。你要相信，命运从来就不是从外面走进来的，而是从内心走出去的。倘若心不受束缚，人生就不会设限，有着无限的可能。

第三训

积善之方

积善成德,
而神明自得,
圣心备焉。

——荀子

第六章

行善——走出心理内卷

来了，拐点终于来了

过了一年，三年一考的秋闱时间到了，袁了凡在赶往考点杭州贡院的路上，心潮起伏。犹记得，两年前的秋天，在去京城的路上，他心如死灰、沮丧、绝望。一年前的秋天，在栖霞山中，他遇见命运之师，重新点燃希望，开始自我疗愈，而如今正是检验的时机。

乡试结束后，袁了凡留在杭州，耐心等待结果。杭州的秋天很美，西子湖的水清澈见底，灵隐寺内丹桂飘香。袁了凡在寺庙内踽踽独行，不由得想起与云谷禅师见面时的情景，就是在这样浓郁的桂花香气中，他看见了云谷禅师慈祥的脸庞，与他结下不解之缘。

放榜那天早上，袁了凡正要出门，看见费锦坡上气不接下气跑来，兴奋地叫道："了凡兄，考上了，咱俩都考上了！"袁了凡急忙跟随费锦坡赶到放榜处，只见白纸黑字，自己的名字清清楚楚写在榜单上。他百感交集。在孔先生算的命中，袁了凡这次应该落榜，不仅这次，以后都会落榜，因为他压根儿就没有当举人的命。但现在，他却真真正正中举了，孔先生算的命不再灵验，袁了凡终于迎来命运的拐点。

那天晚上，月光如水，袁了凡的心久久无法平静。如果说在栖霞山中他只是从理论上懂得了"不听命于心，必受制于人"的道理，那么这一年来的努力，以及今天的金榜题名，便亲身证得：人心是风水，也是命运，自己才是一切的根源，生命中发生的一切，都是内在心性的彰显。他知道，属于自己的人生之路已经展开，只需迈开脚步。

然而，拐点并不意味着一帆风顺，属于自己的路也并非没有波澜。

中举后的第二年，袁了凡与费锦坡等嘉善同学一行十人前往京城考进士，除一人之外，其余的人皆名落孙山。落榜后，有的唉声叹气，有的抱怨考题出得太偏，有的大骂考官有眼无珠，看不出自己文章的好来……但袁了凡不这样，他身上那些"人格障碍"现象早已消失，他不再怪罪别人，而是从自己身上找原因。

他一个人在房间里，翻阅厚厚一摞"功过格"，盘点了一下，惊讶地发现，用"功"减去"过"后，自己竟然得到一个负数。他觉得没考上进士是有道理的，因为文如其人、言为心声，自己的文章写得不好，是因为心性还不够纯粹，身上还有很多毛病没有改掉，比如，想做善事却不够勇敢，想救人却心中有些迟疑；或手上做着好事，嘴却控制不住恶语伤人；同时他的洁癖强迫症尚未消失，碰见狗屎，还是难受；有时也会酗酒，酒后还是会吹牛，胡说八道；还有心胸狭窄、不够宽容等毛病。

袁了凡知道，正是这些毛病，阻挡了他的才华，妨碍了他的进步，但要改掉这些毛病，不必一个一个去分析，逐一寻找克服方法，只需一心一意行善就可以了。因为当心中充满善念时，那些邪恶的念头、不良的行为，自然就不会产生。这就好比太阳高高挂在天上，那些鬼鬼祟祟的东西就会全部消失一样。

但同时，他也意识到，行善不是百米冲刺，一蹴而就，而是漫长的旅行，无论从什么时间开始，重要的是开始之后就不要停止。他告诫自己，因果必报，但需要时间，不要因为一时不见效而焦灼。他暗暗发誓，要拿出一棵树的精神与时间做朋友，多一些耐心，少一些抱怨，坚持不懈，让善根慢慢深入泥土。

…………

从心理学的角度读《了凡四训》读到这里时，我心中不免产生了一些疑问：袁了凡是一个有抑郁症、洁癖强迫症的人，难道这些心理问题都可以通过行善来治愈吗？行善与心理治疗有什么关系？行善的本质是什么？这些问题像谜一样吸引着我去探寻。

貔貅心理：人心的超级便秘

一天，当我坐在书房又开始思考这些问题时，脑海里不时闪现袁学海在京城国子监中枯坐时的情形，他就那么坐着，一动不动，神情怪异，在墙上投射出一道枯槁的影子。

我思考了很久，也没找到满意的答案，决定出去走一走。

低头穿鞋时，门口趴在木座上的貔貅，跳进了我的眼帘。传说貔貅只吃不拉，没有排泄口，寓意是：招财进宝，只进不出。

突然,我灵光闪现:这个一动不动的貔貅,不正像枯坐中的袁学海吗?或者说,枯坐的袁学海就像这只貔貅。

袁学海的枯坐,心如死灰,内心是一个封闭系统,而貔貅只吃不拉,这种堵塞状态更可怕。那几天由于久坐,我有些便秘,深受折磨。轻微的便秘就让我痛苦万分,如果一个人或什么动物,吃了食物之后不消化、不排泄,这些东西淤积在肚子中,该是何等滋味,想想都难受。

貔貅不是真实的存在,是人们凭空想象出来的,无伤大雅,但"有嘴无肛,吞万物而不泄"的貔貅心理,却很常见,也很病态。想到这里,我豁然开朗,抑郁不正是情绪郁结,没有得到释放吗?一个人如果肚子里积压了无休止的怒火,又没有向外表达,便会向内转化为怄气——"一切都是我的错,我真是没用""我太孤独了,没有人能理解我""好累啊,活着真没意思"。怄气将情绪积压在心中,恰似貔貅将食物淤积在肚子中。长期怄气,则会导致抑郁。台湾知名画家蒋勋老师,被女明星林青霞称为是她的"半颗安眠药"。他说,人需要经常将自己打开,不打开,情感会郁滞,打开或许会让你流泪,但哭过之后就好了。情绪释放即治愈。

人可以分为两类：打开的和打不开的。貔貅心理属于后者，他们只知道攫取，不知道打开，内心潮湿、黏稠、沉积，是心理上的便秘者。

从这个角度来看，行善与心理治疗的关系一下子显露了出来。

行善是打开自己，与他人建立联系，让自己对他人、社会具有意义和价值。心理学家阿德勒所说的"合作"和"社会兴趣"，指的就是行善。所有生活失败的人，无论是神经症、精神失常者、罪犯、酗酒者，还是自杀者，他们之所以失败，是因为自我封闭，缺乏共情能力，导致不能与人合作、融入社会、找到归宿感。他们对生命意义的理解完全是个人化的。换言之，这些人就像貔貅，只知道索取，不懂得付出，只关心自己，不关心别人。

以抑郁症为例，阿德勒认为，抑郁症患者抱怨自己，对自己的过错感到灰心丧气，目的是得到他人的关心、同情和支持，他们经常失眠，是想利用失眠获取关注，其潜意识中的想法是："我该怎样才能让别人替我担心呢？"阿德勒告诉这些失眠者，如果躺在床上睡不着的时候，试着思考如何才能让别人高兴。这些人听从阿德勒的建议后，往往一上床就睡着了。阿德勒的方法，是让他们敞开内心，把关注点从自己转移到他人身上——关心他人，可以拯救自己，这实在令人惊喜。

然而，貔貅心理没有打开自己，无法与他人建立关系，这种心理上的便秘会让人痛苦不已。有一位老板，在短短两年时间内狂赚几十亿。他像貔貅一样占有这些财富，尽情享受。奇怪的是，物质上的享受并未给他带来幸福，反而让他感到空虚、孤独，觉得活着太没意思了，结果患上抑郁症。他说，当时只有两条路可选：自杀和出家。

抑郁症患者渴望被人理解，却缺乏理解别人的能力，所以他们的心是关闭的，情绪是凝固的。治疗抑郁症最有效的方法是打开自己，与他人共情，让情绪流动起来。

曾有一位抑郁症患者问医生："请问大夫，共情是什么？"

医生沉默了一会儿，对她说："是慈悲。"

敞开内心，理解别人的悲伤、孤独和痛苦，是共情，也是慈悲，而以慈悲心对待他人，则是行善。行善不仅让对方受益，自身也受益匪浅，就像那位老板，后来开始做慈善，行善让他在关心别人的过程中打开自我，变得慷慨、豁达、宽容起来。不知不觉，他的空虚和孤独流走了，他找到了生命的意义，抑郁症逐渐好转。

生命是流动的，需要通过"获取"来维持、扩大自身的存在，同时也需要通过"放弃"让肠胃蠕动，排除污秽。身体需要新陈代谢，心灵更是如此。尼采说："灵魂也必须有自己特定的阴沟，以便自己的废物能被排走。"流水不腐，流动常新，不流动的灵魂，注定是一个死魂灵。

便秘是生理上的关闭，而行善是心理上的打开。行善之人捐出自己拥有的金钱、财物、时间和智慧等，给最需要的人。这种物质上的放弃，恰恰是精神上的打开，可以拓展心理空间，消除吝啬、冷漠和狭隘，排泄掉淤积的情绪。比如，别人陷入困境时，你施以援手；袁学海在遇到心理危机时，云谷禅师给予帮助；有人伤心难过时，你一声问候，一个微笑，一个拥抱……这些都是在行善。奇妙的是，主动付出的善言善行不仅帮助了别人，也能吐故纳新，疏通自己，治愈心理上的便秘，让心理能量流动起来。或许这就是行善之谜、心理治愈之谜。

盘古的隐喻：劈开闭合的认知

传说，很久以前，宇宙混沌，宛如一个大鸡蛋，里面住着一个名叫盘古的人。他一直昏睡，睡了18000年。一天，他突然醒来，睁开眼，四周一片漆黑，什么也看不见，什么也听不到……他抡起一把大斧，朝着眼前的黑暗猛劈过去，只听见一声巨响，大鸡蛋裂开，分成了天和地。

大鸡蛋是一个封闭的系统，昏睡在里面的盘古与枯坐的袁学海没有什么两样，都处在认知闭合之中。如同骨龄闭合的孩子不再长个子一样，认知闭合之后，人也失去了向外探索的勇气和力量，心智停止成长。

闭合是封闭，是囚禁，是生命的暗夜。[1]

一个人在闭合中，无法与他人建立联结，便会出现多种神经症症状。[2]

而盘古开天辟地的神话，可以看成是心理治愈的隐喻：一把斧子劈开闭合的认知，从封闭中突围。

对于袁学海来说，自己所有的幸与不幸，他都可以用一句话来解释——"命中注定"。他的愤怒、悲伤和绝望，他的抑郁症、洁癖强迫症、人格障碍，他的情感模式、行为模式，以及心如死灰的枯坐，都表达着他对生命的理解。也可以说，"认命"就像一张长长的封条，贴上后，袁学

---

[1] 所谓终身学习，是期望认知终身不闭合。——作者语
[2] 阿德勒语。

海的认知闭合了,生命僵冻了,不再寻找真相、寻求改变,慢慢偃旗息鼓,萎靡不振。

王小波在《黄金时代》中讲了一件阉牛的事。阉普通的牛,只用刀割即可,但对于格外生猛的牛,则会采取"锤骗术",即用木锤把牛的睾丸砸个稀烂。受锤之后,牛只知道吃草干活,不再有欲望,变得老实听话,连杀它都不用捆。王小波说:"生活就是一个缓慢受锤的过程,人一天天老去,奢望也一天天消失,最后变得像挨了锤的牛一样。"

袁学海的"认命",就像那把木锤,正在一点一点骗掉他的活力。所幸他遇见高人。真正的高人从来不会打击你,不会通过贬低你来获取优越感,不会给你负面的心理暗示,不会扼杀你的欲望和生命力,而是激励你、释放你,将你蓬勃的欲望引向正确的方向。在此,不得不佩服云谷禅师,他在与袁学海的对话中,从头到尾都没有让他压抑欲望,反而张扬欲望,鼓励他去追求,说:"求富贵得富贵,求男女得男女,求长寿得长寿。"而求的方式就是行善,即通过帮助别人,建立关系,舒展自己。

英国作家查尔斯·威廉斯说,我们生活在一个交流的世界中,谁阻碍交流,把人与人割裂开来,陷入疏离、隔阂和孤独的绝境，谁就是在作恶。作恶是摧毁联结，让人闭合，让生命蜷曲、萎缩。与之相反，行善是交流，是建立关系，是强有力的行动，这行动好比盘古抡起斧头砍向黑暗，以全身心的投入和奉献，将自我打开，突破闭合，得到自己的天与地。

这个过程是心理治愈，这种方法则可以称为"行善疗法"。

阿德勒说，通过合作与他人建立关系，是我们治愈神经症的唯一方法。

荀子说："积善成德，而神明自得，圣心备焉。"

斯科特·派克说，心理治愈，是通往圣人的路。

心理内卷与古墓派

认知闭合会导致一种可怕的现象：心理内卷。

内卷，是指在一个闭合的系统中，由于没有发展空间，无法向外旋转、延伸、进化，只能"螺蛳壳里做道场"，向内蜷缩，彼此挤压。比如，一个地区闭合之后，由于资源有限，僧多粥少，大家你争我抢，就会陷入相互倾轧、内耗的状态，导致个体"收益努力比"下降。

此时，这个闭合的地区绝不会成为陶渊明笔下悠然自得的桃花源，而是会变成房龙《宽容》中那个可怕的无知山谷。当潺潺的知识小溪慢慢干涸，不再有新的认知进入后，牲畜被渴死，田地里的庄稼枯萎，山谷中到处都是饥渴的呻吟。

在房龙笔下，闭合的山谷开始是宁静，接着是愚昧，然后是恐怖、自相残杀，那些守旧老人煽动人们举起沉重的石头，砸死了那个突围的人，把他的尸体扔到悬崖下，最后是暴动——"一天夜里，爆发了叛乱"。

闭合会带来冲突。一个地区闭合之后，人与人之间会发生冲突，而一个人闭合之后，这个人的内心则会发生冲突。闭合的人除了像大鸡蛋中的盘古一样昏睡，更多时间是煎熬、失眠，是内心的挣扎与冲突。闭合的袁学海就是如此，他一方面想通过自己的努力活得更好，但又相信命数无法改变；他想认命，却又心有不甘。这些截然相反的想法和能量并存于心，彼此绞杀，冲突不断，令他痛苦不堪。

当然，每个人都有内心冲突，但一般人没有那么激烈，也能很快走出来，倘若长期钻进牛角尖而不能自拔，且冲突呈180度的对立，这便是心理学家卡伦·霍妮所说的神经症冲突，即让人格全面萎缩的心理内卷。

很多老好人表面和气，心中却在发生激烈的内卷。卡伦·霍妮讲过一个老好人的故事。一位工程师，加班加点好不容易设计出一套非常棒的方案，但在一次讨论会上，他的方案被否决，而另一位同事的方案被采纳，这令他很生气。但更气人的是，这一切都是背着他发生的。对于这件事情，他完全可以据理力争，因为没让他参加讨论，本身就不符合公司规定。但他转念又想，如果这样做，是不是显得太小气了，肯定会影响自己和蔼可亲、谦虚大度的形象。既想生气，又怕生气，既想争取，又怕争取，他把怒气强压在心中，不敢流露，却又觉得太吃亏，很窝囊。他就像钻进风箱里的老鼠，左右为难，两头受气，疲惫不堪。

老好人活得累，是因为他们的心在内卷。对于心理内卷，最形象的描述，或许是金庸《神雕侠侣》中的古墓派。古墓派中的女子都是大美女，却有着激烈的内心冲突。她们想念心仪的男子，却又害怕被拒绝、被伤害；想放弃，却又不能释怀……网络流行语"意难平"似乎很能说明她们的内心。

这些女子陷入思维反刍，不断咀嚼内心的冲突。当自虐到难以忍受时，她们便把自己闭合在古墓中，让感情变得麻木，成为毫无生气的活死人。如花似玉、本该充满活力的美女，却住在腐气十足的古墓里，不仅违和，简直是怪异，而"古墓"二字恰恰是对心理内卷最生动的诠释。

突破心理内卷最有效的方法之一，是云谷禅师的"行善疗法"。当然，通过行善打开封闭的自我，不仅云谷禅师在运用，也被西方很多心理学家所采用。例如，艾瑞克森曾治疗过一个病人，这个人很怪，不与任何人交往，坚信自己就是耶稣。由于耶稣曾是一个木匠，艾瑞克森的谈话就从木工入手。

"你会木工吗？"艾瑞克森问。

"这还用问，当然会。"病人回答道。

"好吧，"艾瑞克森请求，"医院很多地方需要你奉献自己的手艺，出来干活吧。"

奉献是善举，在奉献手艺的过程中，病人逐渐与他人建立起关系，走出了自我隔离的囚笼。

前面我们说，抑郁的袁学海很像《千与千寻》中的无脸男，内心空虚、孤独、寂寞、悲凉、绝望。那么，无脸男后来是如何被治愈的呢？千寻将无脸男带到钱婆婆家，钱婆婆让他帮忙一起纺线织毛衣。钱婆婆说："这比魔法管用多了。"

纺线织毛衣的隐喻耐人寻味，我能体会到以下几点——

一、治疗寂寞最有效的方法，是去帮助别人。

二、工作是合作，就像纺线，可以与他人建立起千丝万缕的关系，走出孤独的深井。

三、一针一线织毛衣，其实是在填补内心的空洞，能够让空心人变得充实，感受到自身存在的价值，以及生命的意义。

这些隐喻与心理学家阿德勒的观点如出一辙，阿德勒说，实现个人幸福和人类福祉最重要的一步，就是通过合作与他人建立联系。

抑郁是孤立程度很高时的表现，那种孤立会让人感觉如同活在古墓中，而行善则是在付出中走出古墓，重建关系，重获活力。

印度诗人泰戈尔说："我们的生命是天赋的，我们唯有付出生命，才能得到生命。"在工作中付出心血和汗水，工作就承载了你的生命，而在工作中热爱上生命，你就能觉察到生命最深的秘密，摆脱抑郁。

从"枯坐"到"貔貅"，再到"古墓派"，无论外表是呆板、怪异，还是死气沉沉，都是心理内卷。他们的自闭，是内斗后的疲惫所摆出的姿势，是一种绝望的式样。而这种绝望是心灵的麻木、窒息和死亡，是对"做自己"不再抱有希望。行善，是突围，走出心理内卷；是为了他人，成全自己；是在关系中唤醒良知，与真实的自我会师：其治愈的力量，浩浩荡荡，任谁也无法阻扰。

生命的博弈，永远站在善的一边

认知闭合将袁学海囚禁在自己的主观世界中，与客观世界完全隔离，这让他陷入了激烈的内心冲突：一方面心如死灰，一方面又脾气急躁、易怒。就像无脸男，卑微时犹如隐形人，说话气若游丝；被拒绝，或感到被蔑视时，又狂怒，连续吃掉三人。而这种前后矛盾的行为恰恰是神经症冲突的表现。

一次，美国著名影星罗素·克劳与享誉世界的约翰·纳什教授见面。两人落座后，服务员问纳什喝咖啡还是茶。纳什竟然考虑了15分钟，才做出决定。纳什心中的那份纠结，就是神经症冲突。不过，这时已经很轻了，之前，他内心的冲突异常激烈，以至于患上了精神分裂症。

罗素·克劳拜见纳什的目的，是要在一部影片中扮演他，将他战胜病魔的故事呈现给观众。美国作家娜萨说："这是一个集童话、希腊神话以及莎士比亚悲剧为一体的故事。"

纳什是一位数学天才，21岁时在薄薄的27页博士论文中，提出的"纳什均衡"理论，奠定了现在非合作博弈的基石，被广泛运用于经济学、计算机科学、演化生物学、人工智能、会计学、政策制定和军事理论等方面。30岁时，纳什不仅在数学专业取得了辉煌成就，还赢得了爱情。然而，就在他即将成为麻省理工学院终身教授、妻子艾里西亚即将生产的双喜临门之际，他却患上了灾难性的精神分裂症。

精神分裂症是内心冲突最极端的表现，也被称为"精神癌症"。在这些病人的心中有一个真实的世界，同时还有一个幻觉世界，这两个世界相互厮杀，不可避免会出现精神错乱，行为疯癫。

以纳什为原型拍摄的奥斯卡获奖影片《美丽心灵》，形象地表现了他内心的冲突。

除真实的世界外，在约翰·纳什心中还有一个幻觉世界：查尔斯，一位幻想出来的室友；查尔斯的外甥女，一个永远长不大的小女孩；黑衣人帕彻，神秘的军方人物，要求纳什为国效力。在幻觉的世界中，纳什从事绝密工作，埋首于废报纸中破译密码，经常被人跟踪、追杀，却又无法对妻子诉说，内心感到恐惧和孤独。

在真实与幻觉的激烈较量中，当幻觉占上风时，约翰·纳什的病情日益加重，完全丧失理性。医生尝试用休克疗法，将身材魁梧的他按在床上，手脚捆绑，用电流电击头部，只见他全身抽搐，痛苦不堪。但这样的治疗并不能消除他"根深蒂固的幻觉"。由于他疯疯癫癫，人们避之唯恐不及，他仿佛幽灵一般淡出了人们的视线。那时他"几乎就是一具尸体"，眼窝凹陷，双肩向前弯曲，目光呆滞，失去了生命活力。

但即使纳什患有精神分裂，幻觉不断，妻子艾里西亚依然不离不弃，不同意将他关进疯人院。影片中有这样一幕——

当纳什的生活一片黯淡、毫无希望之时，妻子深情地注视着纳什："你想知道什么是真实的吗？"

她用手抚摸着纳什的脸说"这个"，然后又握住纳什的手抚摸着自己的脸说"还有这个，是真的"。

她将纳什的手按在自己的胸口上,又把自己的手按在纳什的胸口上,说:"或许能让你从幻觉中醒来的东西不在你的头脑中,而在你的心中。我们要相信,奇迹是有可能发生的。"

妻子通过这一系列举动告诉纳什,不管发生了什么,她,以及她对他的爱,始终是真实的。同时,纳什的母校普林斯顿大学也没有抛弃他,不仅允许他穿着紫色拖鞋在校园内东游西荡,还让他自由进出图书馆,在窗户上乱写乱画,甚至还同意他听课、授课,与老师和学生们建立起关系……伴随着真实生活在他心中的占比越来越大,幻觉的世界越来越小,那些幻想出来的人物也就渐行渐远。

最后,约翰·纳什从疯癫中苏醒过来,重新进入人们的视线,获得了世界的关注,于1994年荣获诺贝尔经济学奖。

约翰·纳什的治愈是一个奇迹,这奇迹源于美丽心灵。他本人的不懈努力、妻子无限的爱,以及同事朋友们的接纳等,这些发自内心的真情和善意,即美丽心灵。也可以这样说,纳什以博弈论闻名于世,而在他的生命里还存在着另一场博弈:真与幻、善与恶的博弈。所谓美丽心灵,就是在生命的博弈中,永远站在真与善的一边。

这个感人至深的故事说明:无论是袁学海,还是纳什,倘若一个人沉溺于自己的主观世界,失去与真实世界的联结,他的存在就犹如幽灵一般。然而,只要有改变的决心,有身边人的善心和爱心,就可以托住崩溃、分裂的心,重建与真实世界的联结,一步步走出"死寂之塔",重见光明。

第七章

行善的关键：真诚

"积善之家，必有余庆"的心理学依据

一天中午，在街边，一位断腿的乞丐正坐在地上乞讨，来来往往的行人视而不见，乞丐满脸凄苦。这时，一个举人模样的人走到乞丐面前，蹲下身子，掏出干粮双手递给乞丐，不仅如此，他还一屁股坐在乞丐身旁，聊起天来。他们聊得很投机，乞丐的脸慢慢被点亮，笑容从嘴角渐渐扩散开来。但一些路过的读书人则纷纷侧目，流露出鄙夷的目光，哀叹斯文扫地。临别之时，举人和乞丐拱手作揖，相互道谢，仿佛兄弟一般。

这一幕正好被微服私访的新任浙江巡抚李世达看见，

望着那个人远去的背影，他感到奇怪，这个举人与那个乞丐，他们是熟人、亲戚，还是故友？

第二天，李世达召见当地名流，远远看见一个衣着朴素却很干净的举人，他眼前一亮，这不正是昨天那个人吗？李世达让亲随去打听，才知道他叫袁了凡。

自从进士落榜之后，这几年来，袁了凡坚持行善，从未间断。他每做一件善事，都会用笔记录在"功过格"上，不是为了炫耀，而是为了觉知与激励自己。妻子没文化，不会写字，做了善事后，就用鹅毛管蘸印泥，画一个红圈。

袁了凡在栖霞山发愿做三千件善事，如今已完成了一半，令他感到惊奇的是，通过行善，他把对自己的执着转化为对他人的关心，心性发生了根本性的改变。他的心胸变得宽阔，认知变得通透，心情变得愉悦，人际关系也变得和谐起来。

过去，与袁了凡接触的人觉得他如同刺猬，不知道什么时候就会刺人一下，弄得别人下不来台，所以很多人都躲着他。而现在他却变得温润如玉，让人感觉特别舒服。

众人散去后，李世达将袁了凡留了下来，问道："袁举人，昨天街上那个乞丐，你以前可曾认得？"

"回巡抚大人的话，不认得。"

"可是，看起来你们很亲密。"

"是的，我很感激他。"

"这就奇怪了，你给他食物，照理他应感激你才对，何故要感激他呢？"

"我感激他唤醒了我的恻隐之心，让我不再麻木不仁，能感受到他人的痛苦。"

身为巡抚，李世达见过无数溜须拍马的读书人，但眼前这位不卑不亢、不矜不伐，显然与众不同。李世达注视着袁了凡，想从他的脸上读出他的人生履历。

"那你为何又要与他坐在一起呢？"李世达问。

"我坐在他身边，是想感同身受，从他的角度看他看见的世界。"

袁了凡的回答出人意料，却十分诚恳。李世达很是惊讶，他感觉虽然这个人的生理长相其貌不扬，但精神长相却不一般。李世达阅人无数，人情练达，知道肯替别人着想，是天底下第一学问。这样的人具有深深的共情力和慈悲心，会尊重一切生命，无论是位高权重的巡抚，还是卑微如乞丐。他的直觉告诉他，袁了凡是一个值得信任、可以托付大事的人，于是问道："不知道了凡老弟是否愿意与我一起做点事？"

从"袁举人"到"了凡老弟",袁了凡从称呼的改变,感到自己与巡抚大人的关系顷刻之间变得亲近起来。就这样,他以举人身份进入巡抚衙门,参与重大军事和政务的决策和执行,获得了一个施展才华的平台。

从袁了凡这段经历,可以看出"积善之家,必有余庆"背后的心理学依据:

一、通过行善,打开封闭的自我,让心性或人格得到改变。阿德勒说,唯一可以改善人格的途径,就是对他人感兴趣,关心他人的感受和利益,用更加合作、更有勇气的态度去面对生活。而行善是联结,是合作,是以最优雅的姿势打开自己,进入关系。

二、人活在关系中,犹如鱼活在水中。行善打开自己,进入关系,与他人建立起丰富的联结,并在联结中看见别人,也被别人看见。袁了凡看见乞丐,他又被巡抚李世达看见,这恰似卞之琳的诗——你站在桥上看风景,看风景的人在楼上看你。

三、你以优雅的姿势进入关系,会吸引同样优雅的人。在良善的关系中,你向外伸展,自我延伸得更高、更远,看见更多的人,也被更多的人看见,于是左右逢源,吸引来更多好运,得到更多祝福。

想得到美好的东西，自己先要变得美好

如果你喜欢打麻将，相信一定会有这样的经历：不知道怎么回事，有时手气差得要命，想要的牌摸不到，点炮的牌偏偏来；而有的时候，手气又特别好，想什么来什么。如果你进屋子看见四个人在打牌，不用问，那个垂头丧气的，肯定是输家。很多人认为，是牌差，才垂头丧气的，其实不然，在很大程度上，是垂头丧气吸引来了差牌。

日本大神级企业家稻盛和夫说，小时候，他的两个叔父、一个叔母都死于肺结核，整个家族笼罩在结核病的阴影中。他非常害怕被传染，每次经过患病在床的叔父小屋时，都是捏着鼻子飞跑过去。而他的父亲却毫不畏惧，每天一个人照料亲人。他的哥哥也认为"哪有那么容易传染"，根本不把这件事情放在心上。结果父亲与哥哥都没有被传染，他则被病魔击倒。他躺在病床上，感到困惑：为什么倒霉的偏偏是自己呢？

后来，他从一本书中读到这样的内容："心不唤物，物

不至；一切始于心，终于心。"意思是，我们的遭遇都是由我们的内心吸引来的，自己内心不呼唤的东西，绝不会来到我们身边。这段话令他恍然大悟。不怕患病，细心照料病人的父亲没有被感染；对疾病毫不介意、若无其事的哥哥也没被感染；只有一味担心、害怕、厌恶、躲避疾病的他把疾病招来了。虽然传染病必须进行防御，但心态也非常重要。如果过分担心，一直处在紧张焦虑状态，这些负面想法和情绪就会降低人的免疫力，让疾病乘虚而入。不只疾病，很多你极力避免的事情之所以发生，即你害怕什么，偏偏来什么，也是内心虚弱导致的。

尤为突出的是，我们的内心状况总是会投射到人际关系上。斯科特·派克在《少有人走的路》中说，有时候，心理医生无法判断患者病情的严重程度，就会让他与其他病人待在一起，观察他喜欢与谁交往，跟谁亲近。如果他总是交往一些病情严重的病人，说明他的病情也很严重；如果他交往的是一些病情较轻的人，说明他的病也较轻。

事实上，你遇到的人都是被你的心性吸引来的。你是谁，便会遇见谁。想要得到美好的东西，与美好的人在一起，自己先要变得美好。

例如，袁学海是一个脾气暴躁的人，而他遇见的人也是如此，而当他变成袁了凡，通过行善改变心性之后，他遇见的人也不一样了。他平和，遇到的人也平和；他善良，遇到的人也善良；他真诚，遇见的人也真诚。他与巡抚李世达一见如故，很投缘，其实是因为他们本就是一路人。所以，将自己的能量和关注点放在行善上，持续不断，美好的人和事便会朝你走来。而在好的关系中，你会变得更好。

"罂粟人"：现代版的"勾践"

在巡抚衙门做事，袁了凡白天忙于工作，晚上一有时间就读历史。过去，他读史书时，那些名字和事件躺在那里，枯燥乏味，一点也提不起兴趣，而现在他感觉每个名字都不简单，都是拼尽一生，流了不少泪和血，才在书中占了几行或几页位置。他越读越入迷，而那些呆板的名字也随之变得鲜活起来，一个个穿越时空来到他面前，其中有善良之人，也有狡诈之徒。

那天他正好读到越王勾践为吴王夫差尝便辨疾，众人称善。后来又读到勾践把一万石粒粒饱满的粮食送还吴国，吴王称大善，并将这些粮食分发给农民当种子，结果种子不发芽，颗粒无收，造成大饥荒。原来那些粒粒饱满的种子，是蒸熟后晒干的。越王勾践用这样阴毒的手段，让吴国百姓饿殍遍野。而他乘机发动的战争则又导致两国生灵涂炭。

读到这里，他想起了小时候曾跟随母亲上山采蘑菇，看见几朵蘑菇与众不同，颜色鲜艳，形状像一把撑开的小伞，上面还点缀着一些小圆点，非常好看。正当他要用手采摘时，母亲大叫道："不要采，那是毒蘑菇，吃了会死人的。"他吓得连忙缩回手来。时至今日，他依然清楚地记得那些毒蘑菇的颜色和形状，也明白了，对于外表太好看的东西，要格外留心，不要轻信。

"了凡，在读什么书，如此专注？"袁了凡聚精会神，没注意到李世达已经来到身边。

"《吴越春秋》。"袁了凡转身问道，"大人还没休息？"

"私下就不用叫大人了，我比你稍长一些，就叫世达兄吧。"李世达继续说，"你觉得勾践是个什么样的人？"

"毒蘑菇。"袁了凡脱口而出。

"此话怎讲？"

"表面是善，色彩艳丽，其实很恶。食之，轻则呕吐，重则身亡。"袁了凡答道。

"不知道你听没听说过罂粟？其花之美，令人动容；其毒之恶，让人恐怖。我以为勾践之徒是毒蘑菇，亦是'罂粟人'，他们将人性中的虚伪、狡诈和阴险发挥到了极致，却以善的面孔出现。"李世达接着说，"了凡，我来这里，本来有一件事情与你商量，现在看来不用了，咱俩想法肯定一致。"

"什么事？"

"最近浙江沿海海潮泛滥成灾，淹没人畜房屋无数，有大臣建议朝廷命犯罪之人捐粮赎罪。我觉得不妥，法不可废，宁可赦罪，绝不能以粮赎罪。"

"世达兄高见，以粮赎罪虽能解燃眉之急，却是践踏法律，就像勾践以欺诈行事，儿孙纷纷效仿，以至于后代三代弑君，国运式微。以狡诈得来的，也将被狡诈夺走。"

听完袁了凡的话，李世达心满意足地离开了。

袁了凡和李世达所说的"毒蘑菇"和"罂粟人"在今天的生活中并不少见。北大中文系钱理群教授讲过一个故事，他上课时，有一个学生每次必定坐在第一排，替钱教授端茶倒水，对他讲的内容频频点头。有时下课后，还会向钱教授请教一些问题。就在钱教授对他产生好感后，学生突然提出一个请求，说自己正在申请美国常春藤大学，想请钱教授帮忙写封推荐信。

钱教授欣然同意,可当他把推荐信交给学生后,那个学生从此消失,再也没来上他的课。这时钱教授才明白,那个学生对他表现出来的善意就像"罂粟花",表面美丽,内心丑恶。他与钱教授交好,是在精心布置一个陷阱,他是捕手,教授是猎物,丝毫不在乎对方的感受。化用《三体》中的话"我玩弄你,与你无关"。[1] 这是典型的恶性自恋。钱教授将其称为"精致的利己主义者",即现代版的"勾践"。

不过,对于这些老奸巨猾、精于算计、善于表演和欺骗的"罂粟人",真正行善之人很快就能察觉。因为一个人长期与"真善"交往,就很容易辨认出"伪善"来,就像英国银行职员辨识伪钞一样。英国银行在训练职员识别伪钞时,从来不用伪钞,用的都是真钞。上课时讲的也都是真钞的特征。学员们通过反复用眼睛看真钞,用手触摸真钞,用鼻子闻真钞……当他们把真钞的全部特征铭刻在心后,一旦遇到伪钞,凭直觉一眼就能看出来。同样,真正行善的人不会"人善被人欺,马善被人骑",他们对于虚伪狡诈的人明察秋毫,这种洞若观火的智慧,恰恰来自

---

[1] 《三体》原话为:"我消灭你,与你无关。"

他们对真善的了解。

曾经看到一个场景，在一所小学，一个家庭富裕的学生资助一个贫困生，两个学生站在讲台前，资助的学生趾高气扬，而被资助的学生低着头，羞愧得无地自容。这就是伪善。行善可以让对方感动、流泪，那是内心被打开、被温暖的表现，如果你的行善让对方感到自惭形秽，那么你就不是在行善，而是在作恶。

行善不是高高在上，从别人身上获得一种优越感，而是放下身段，与对方深深共情，付出真心。善只存在于真心中，如果真心死了，善也就活不下来，那些活下来的绝对不是善，而是伪善。伪善的特征，是外表好看，骨子里却散发出一股恶臭，那是真心腐烂的气味。《瓦尔登湖》里有一句话说得很贴切："没有什么气味比变了味的善更难闻了。"

有一种奇迹，叫"精诚所至，金石为开"

天有不测风云，正当袁了凡在巡抚衙门大展宏图时，李世达却病了，而且病得不轻，不得不卸任回陕西老家泾阳。听说李世达没了权势，围在他身边的"罂粟人"哗啦啦纷纷散去，弃之如敝履，忙不迭巴结新来的巡抚。

人去楼空后，李世达发现除了亲随外，身边只剩下袁了凡一人，人情冷暖，世态炎凉，令他感慨万千。

"了凡，就此别过吧。"躺在病榻上的李世达低声说道。

"不，世达兄，关中路途遥远，我送你。"

李世达很感动。在艰难困苦之际，有一个和自己心意相通的人，能抵挡无情世界的所有磨难。好的关系就是这样，能承接彼此，无论对方如何，遭遇什么，都能接住。这种经历锤炼的关系才是生命的根系。

人有小九九，天有大算盘，那些作鸟兽散的人，又怎会知道，李世达的身体不久就会康复，官越做越大。当然，这是后话。而现在袁了凡并不知道这些，他仅仅是凭良心做事。他陪着病恹恹的李世达从杭州出发，一路向西，走走停停，用了半年时间，才将李世达送回老家泾阳。

回来的路上，经过终南山时，正值秋天，看见漫山遍野的红叶，袁了凡不禁想到栖霞山，想念起云谷禅师来。有那么一刹那，他萌生出归隐山林的想法，但很快就打消掉了。如今他已 47 岁了，还有很多事情要做。突然他心中涌出一个愿望：得要一个儿子。这个愿望非常强烈、专一，势不可当。之前虽然他也想要儿子，但由于洁癖，不可避免会形成阻力，就像一个人一只脚猛踩油门，另一只脚却踩住刹车一样，费了很大劲儿，车依然在原地打转。但现在不同了，他已经治好了洁癖，想要儿子的愿望也变得格外真诚。

真诚是一件重要的事情，却不是一件容易的事情。它意味着你的内心没有冲突、没有担心、没有迟疑、没有拖延、没有焦虑……生活中发生的许多奇迹都是真诚之心带来的，但凡有丝毫的担心和迟疑，都不是真诚之心，也不会令奇迹发生。关于真诚，心理学家卡伦·霍妮在《我们内心的冲突》中讲述了一个日本禅宗故事——

弟子：听说狮子在捕捉猎物时，不管猎物是一头大象，还是一只兔子，它都会全力以赴。弟子不明白这种力量是什么，请您开释。

师父：这是真诚的力量，即不欺骗的力量。

真诚就是"不欺"，能够"全身心投入行动""不遗余力"……这意味着，既不浪费一丝力量，也不保留一丝力量，真实不虚。一个人能这样生活，就如同金毛雄狮。这是真诚、雄健、内心完整的象征。如此，即是圣人。

人要完全释放自身的潜能，必须真诚。很多时候，一件事情没做成，并不是智商不高，能力欠缺，而是担心、迟疑，不够坚决，不能做到全力以赴。而那些"开挂"的人生，无一不是内心完整，即真诚之心带来的。真诚是人格完整的表现，也是心理治愈的目标。世界杰出心理医生斯科特·派克说，所谓心理治疗，其实就是鼓励人说真话，变得真诚的游戏。

在历史的长河中，很多伟人都用自己的语言对真诚的力量进行过阐述。

六祖慧能说："直心是道场，直心是净土。"

王阳明说："知行合一。"

克里希那穆提说："专注赋予我们看清一切的力量。"

庄子说："真者，精诚之至也，不精不诚，不能动人。"

…………

"直心""知行合一""专注""精诚"，尽管用词不同，但内涵大同小异，都是指真诚之心。

袁了凡在生孩子这件事情上变得真诚之后，结果怎么样呢？

果不其然，精诚所至，金石为开，他回家后不久，妻子怀孕了。十个月后，生下一个大胖小子，取名"天启"，寓意：真诚之心感动上天，才有了儿子。

呼吸证明你活着，共情证明你没白活

数年后，京城附近的宝坻来了一位新知县，五十多岁，个子不高，精神矍铄。

不久，街头巷尾都在议论，说新来的知县是个贪官。每天早上坐堂前，他的家人会携带一个小本子，交给门役，放在公案上。知县办完一件事，会在小本子上记一笔。聪明人都知道那个小本子是托关系走后门用的，每天记录那么多事情，不知道要收受多少两银子。

还有，知县每天晚上神秘兮兮的，在庭院内设一条香案，焚香三炷，念念有词，估计是亏心事做多了，想请老天保佑。

有一天，门役忍不住偷偷翻看，一下子蒙了，只见小本子上写着三个大字——治心篇，里面密密麻麻记着知县大人每天所行之善、所犯之错。而他焚香祷告，也是想借助这种有仪式感的举动，反省自己的言行。

这位知县不是别人,正是袁了凡。他将"功过格"升级为"治心篇",充分说明,他早就洞彻了"功过格"的意义在于"治心",即心理治愈,而心理治愈则会带来命运的转变。孔先生算他这辈子考不上举人,只能去四川当一个地方干部,而现在他不仅中举,还中了进士,被朝廷任命为宝坻知县。记得中进士那一年,他正好53岁,按照孔先生所算,那年阴历八月十四,他将辞世。当死期来临时,他没有害怕,没有恐惧,像往常一样,吃饭睡觉,第二天从睡梦中醒来,平静地看着旭日冉冉东升。如今他55岁,身体健康,精力充沛,坚持行善。

为官一方,行善就更容易了。宝坻地处华北平原,由于地势较低,经常遭受洪灾,农民苦不堪言。袁了凡组织民工治理河道,兴修水利,在河道两岸种植杨柳。同时还冒着掉乌纱帽的风险,减少田赋。他的前任按每亩两分三厘七毫收租,他则减少到一分四厘七毫,造福黎民百姓。

不知不觉,袁了凡到宝坻已四年。一天,他突然接到通知,因政绩突出,升任兵部职方司主事,即刻进京觐见皇帝。

离开宝坻那天,成千上万的百姓涌向衙门,前来送行,袁了凡望着这些善良朴实的老老少少,感动不已。

从云谷禅师教袁了凡采用"行善疗法"开始,至今已二十余年,"功过格"上记录的善事接近两万件,结了不少善缘。当他积善成德,将灵魂中最纯粹的东西呈现出来之后,他的肉身也散发出了一种迷人的光芒。

站在辽阔的平原上,呼吸着清新的空气,那一刻,袁了凡感觉到了人生的美好。曾经自卑的他,如今深刻地体会到:呼吸只能证明自己活着,共情才能证明自己没有白活。一个人要想证明自己的价值,就必须建立在对他人有所贡献的基础上;要让自己活得有意义,唯一的方法,就是对他人产生意义。

袁了凡仰望天空,一只鹰正在展翅飞翔,他突然获得一个感悟:行善是生命的翅膀,自己做的每一件善事,都是一根羽毛,等到它们不断积累,日益丰满时,自我就能充分展开,翱翔于生命的蓝天。

第四训

谦德之效

谦卑是成全救赎的秘诀。

——南非作家慕安德烈

第八章

谦卑：冲破自恋的囚笼

风箱效应与中空的力量

袁了凡觐见完皇帝之后，刚出宫门，一个人就迎了上来，笑容可掬："袁主事，我们家大人请您到府上一聚。"

夏天的京城，天气炎热，坐在轿中，袁了凡纳闷，初来乍到，谁会请他呢？

轿子在一座深宅大院门口停了下来。刚下轿，就看见一个人站在门口迎接。袁了凡仔细一看，喜出望外，这不是好友李世达吗？！当今的朝廷重臣，历任吏部尚书、兵部尚书、刑部尚书。

"了凡老弟，别来无恙！"

"世达兄,没想到是你,多年不见,甚是想念。"

两人十分高兴,寒暄着进了大门。旁人窃窃私语,奇怪,太奇怪了,一个二品大员,竟然屈尊出门,站在烈日下,眼巴巴盼着与一个小小的六品主事相见。在这些人看来,人与人交往要论辈分、看地位、讲功利,图点什么,而所谓的友谊,也不过是利与益粘连起来的胶合板,遇水则化,经不住风雨。他们哪里知道,这世上还有另外一种交往,不管对方的身份、地位和境遇如何,都彼此尊重,比肩而立,心神交会,而非把对方视为可以利用的工具。袁了凡与李世达的关系就是如此,真诚、脱俗。

久别重逢,两个人把酒言欢,好生畅快。

下午时分,李世达与袁了凡意犹未尽,便在院内的凉亭喝茶、叙旧。这时下人来报,有人求见,并把一封信交给他。看完信后,李世达说:"巧了,了凡老弟,来了一位你的同乡。"然后对下人说,"就把他请到这里来吧。"

来人名叫夏建所,嘉善人,是进京参加会试的举人。袁了凡仔细观察夏建所的言谈举止,等他离开后,便对李世达说:"此人今年必中。"

"你怎么知道?"李世达惊讶地看着袁了凡。

"凡是上天要让某个人发达,在还没有降福给他时,会先开启他的智慧。这种智慧一旦开启，浮躁的人会变得沉稳，放肆的人会变得内敛，骄傲的人会变得谦虚。"袁了凡接着说，"我看夏建所虚怀若谷，内心柔和、谦卑，一定是受到上天启发，打开了内在智慧。"[1]

李世达频频点头，深以为然。

等到开榜，夏建所果然中了进士。

这件事传开后，很多人都觉得袁了凡高深莫测，能看人看到骨子里。然而，在袁了凡看来，这并不神秘，而是源于他总结出的"风箱效应"。还记得中举后的第二年吗？袁了凡与费锦坡等嘉善同学一行十人前往北京参加会试，每个人都信心爆棚，大有"仰天大笑出门去，我辈岂是蓬蒿人"的感觉。在春风得意的举人中，年龄最小的叫丁敬宇，比袁了凡整整小了十岁。按理说，小小年纪就成了举人，又进京考进士，更该有骄傲的资本，但他却偏偏很低调、很憨厚，没其他人显得精明，还经常被嘲笑，被人支使干这干那。

一天晚上，他们投宿一家客栈，大家不是抱怨走了一天的路腰酸背疼，就是埋怨客栈做饭太慢，都快饿死了。

---

[1] 《了凡四训》："凡天将发斯人也，未发其福，先发其慧。此慧一发，则浮者自实，肆者自敛。"

袁了凡没有抱怨，想去厨房帮帮忙，以便能尽快开饭。走进厨房，只见厨师忙前忙后，满头大汗，旁边一个人正埋头用力"吧嗒吧嗒"拉风箱。在风箱的鼓动下，火呼呼燃烧。伴随着阵阵热气，饭菜的香味弥漫厨房。袁了凡发现那个拉风箱的人背影有些熟悉，走近一看，竟然是丁敬宇，一张脸被烟熏得宛如一块老腊肉。他惊讶不已，别人都高高在上，躺在床上抱怨，而丁敬宇却能放下身段来帮忙。看着那只鼓胀作响的风箱，袁了凡突然意识到，做人就应该像风箱一样，只有中空、谦卑，才能生生不息，向外鼓动出风来，让灶火越烧越旺，而丁敬宇就是这样的人。

晚饭后，袁了凡约费锦坡一起散步。月光下，他对费锦坡说："别看丁敬宇小，今年一定能考上。"

"何以见得？"

"你看我们十人当中，有人出个题目，大家都抢着回答，急于显摆自己多么有学问，有谁像丁敬宇那样虚怀若谷，不为人先？再者，每个人都趾高气扬，有谁像他那样谦卑？还有，稍微受点气、吃点亏，我们就怨声载道，愤怒不已，有谁像他那样忍辱负重，受到诽谤，也不开口辩解？一个人如果能谦卑到这样的地步，就是天地鬼神也会帮助他，哪有不飞黄腾达的道理呢？"

不出所料，那次考试，只有丁敬宇一人考中，其他人，包括袁了凡在内，都榜上无名。

从心理学的角度来看，除丁敬宇之外，其他人多少带有自恋型人格障碍的特征，比如，过分高傲自大，对自己的才华夸大其词；喜欢支使他人；不接受批评，对批评感到愤怒；有很强的嫉妒心；缺乏共情能力；渴望持续的赞美和关注。自恋者内心塞满固执、自大、虚荣、傲慢和偏见，再也没有容纳的空间。里面的故步自封势必带来外面的举步维艰，因此自恋之人总是自己阻碍自己，难以有所成就。而风生水起的人则像风箱，中间是空的，但那个空，不是一无所有，而是心开了窍，被一种新的东西充满，能呼出智慧的风，吸来好运气——这便是著名的"风箱效应"。

监狱是肉体的囚笼，自恋是精神的囚笼。庆幸的是，我们可以通过心理治愈突破自恋，变得像中空的风箱一样虚怀若谷，让人生发出有影响力的声响。

突破自恋，是人生转折的关键

袁了凡的同学冯开之，曾是一个自恋的人，他傲慢自大，眼里没有别人，也容不得半点批评。一次，袁了凡与他住在一起，惊讶地发现他与昔日判若两人。有一位名叫李霁岩的人，心直口快，说起话来如同岩石一样生硬，经常指责冯开之，一点也不顾及对方的颜面。搁在过去，冯开之一定会反唇相讥，而现在每次都心平气和，淡然面对。

看着谦和、稳重的冯开之，袁了凡觉得他很像当年的丁敬宇，便对冯说："福有福的起因，祸有祸的先兆。你这样谦虚诚恳，上天一定会帮助你，老兄今年一定能考出好成绩。"后来果然考中。

突破自恋，是心理治愈，也是人生转运的关键。

自恋是以自我为中心，如果你与某个人交往产生了这样的感觉：你的世界中有他，他的世界中没你。那么你多半遇见了一个自恋的人。

自恋者从不敞开心怀，总是从门缝里看人，感觉自己很大，别人很扁，他们的感知是扭曲的。例如，夜郎国的国王。其实，不拓展自己的眼界，每个人都容易陷入狭隘的自恋。

美国宇航局曾向太阳系之外发射了两个探测器，经过40多年的飞行，其中一个探测器在距离地球60亿公里处传回的照片，令科学家集体震惊、沉默了。在照片中，我们居住的地球是一个肉眼难以辨识的小点，只有一个像素那么大。我们巨大无比的地球，在宇宙中，真的是沧海一粟。美国天文学家卡尔·萨根动情地说：

我们成功地拍摄了这张照片，当你看它时，会看到一个小点。那就是这里，那就是家园，那就是我们。你所爱的每个人、认识的每个人、听说过的每个人、历史上的每个人，都在它上面过了一生。我们物种历史上的所有欢乐和痛苦，千万种言之凿凿的宗教、意识形态和经济思想，所有文明的创造者和毁灭者，所有皇帝和农夫，所有热恋中的年轻人，所有父母、满怀希望的孩子，所有发明者和探索者，所有道德导师，所有腐败的政客，所有"超级明星"，所有"最高领袖"，所有圣徒和罪人——都发生在这颗悬浮在太阳光中的尘埃上。

读完这段文字，你是否心中有些异样？是否领悟到，自大或自恋不过是认知幻觉，谦卑才是人类对自身真实处境最理性的认知和回应？事实上，只有抛弃自大，我们看见的世界才更真实；只有突破自恋，变得谦卑，才能与宇宙同频共振。

三界通吃的法则——谈谈谦卦

《了凡四训》中有一个故事——

一天,乡试揭晓,天刚蒙蒙亮,寄宿在南京一座古庙内的秀才们便怀着既激动又忐忑的心情,纷纷出门,去看自己的名字有没有被写在那张决定命运的榜单上。

中午,明媚的阳光照进古庙,温暖、祥和、安静。突然,一阵不堪入耳的骂声,打破了庙内的静谧:"混账考官,什么玩意儿,老子写的文章别人都说好,就他有眼无珠,看不出来。"骂声里带着悲愤,充斥古庙,惊起鸟雀乱飞。

骂人的是一位落榜秀才,名叫张畏岩,江阴人,平日里学习勤奋,在读书人中很有名望。但谁承想,没他有名的秀才考上了,而他却落了榜,于是他越想越生气,忍不住破口大骂,引来一群人围观。

正好有一位道人,看到他骂人的样子,不禁笑了起来。

张畏岩发现有人在笑他,就迁怒于对方,冲道人发起火来。道人不但没有生气,反而心平气和地说:"相公的文章一定写得不好。"

张畏岩更加愤怒,大声质问:"你都没有读过我的文章,怎么知道我的文章不好?"

"听说写文章,贵在心平气和。现在你这样怒骂,认为一切都是考官的错,说明你自命不凡,很骄傲。当骄傲横亘在心中,必定会遮挡你内在的才华,又怎么能写出好文章呢?"道人回答说。

张畏岩听了,顿时觉得遇见高人,立即向道人请教。

"《易经》六十四卦中,每一卦都藏着吉凶,唯独谦卦,每一爻都是吉,没有凶。你知道是什么原因吗?"

"不知,愿道人赐教。"

"天界的规律是,月满了,就会亏缺;人间的规律是,谦卑的,必升为高;魔界的规律是,谁高调,谁挨揍。谦卦,是三界通吃的法则。"道人接着说,"无论天界、人界,还是魔界,一切失败,皆源于骄傲。我在庙内待了很多年,每次看见寒士即将发达之时,所流露出来的谦卑之光,用手都可以捧住。"

"我该如何做,才能变得谦卑?"张畏岩急切地问道。

"把头磕在地上。"道士回答。

"请问,这是什么意思?是要我给您磕头吗?"张畏岩一脸蒙,边说边要下跪。

"不是让你真的给我磕头,而是一个典故。据说,有一位禅师读了很多经书后,便去拜谒六祖慧能。但他在磕头时,头却没有碰到地面,还差那么一点点。六祖看见这样,知道他心中还有一物没有放下,就点拨他说,磕头是为了让人变得谦卑,如果磕头没磕到地上,说明心中凹凸不平,还有些自大,这样即使读一万部经书,也无法领悟真谛。"道人接着说,"想必你读书很多,文章也写了很多,但扪心自问,你是不是把头磕在了地上?"

听了道人的话,张畏岩翻然醒悟,真的"扑通"一声跪了下去,在地上扎扎实实磕了几个响头。从此之后,他一改从前自大的毛病,变得谦卑起来。三年后,参加乡试,考上了举人。

张畏岩大骂考官,有三层心理动因:表层是悲愤,中间是骄傲,深层是自恋。愤怒和怨恨是自恋者的主要情绪。当事情没有按照他们的心愿发展时,他们就会生气、抱怨、歇斯底里。

自恋并非无法治愈,如果能从别人的批评中进行反思,改变认知,便可以把每一个惹你生气的人当成是"度"你的人,把每一件坏事当成磨刀石,磨掉自恋,磨亮心性。

不改变认知的人，什么也改变不了，而认知的改变，能带来人生的反转。

从广义上讲，每个人都有自恋倾向，也都会以自我为中心。比如，四川凉山州偏远山区有一位老农，被一家电视台请到北京做节目。主持人问："北京好不好？"他回答说："北京好是好，就是太偏僻了。"站在他的角度，以凉山州为中心，北京的确很偏远。扪心自问，我们何尝不是以自己的家为中心在丈量世界呢？

心理学家科胡特说，自恋是人类的一般本质，每个人本质上都是自恋的。适当的自恋是一种自尊自爱，但如果过度自恋，认为自己是世界的中心，所有人都要围绕着他转，只考虑自己，不在乎别人，就成了一种病态。

一个心理健康的人宛如一颗行星，能自转，也能公转。所谓自转，是指作为一个独一无二的个体，我们每个人绝无仅有，意义非凡，无人能替代。我们有自己的感受、想法、意愿与梦想，也有实现梦想的决心、勇气和能力。我们不依附他人，能够靠自己的力量自转。心理学家荣格将这称为"个体化"进程。

但一个人在自转的同时，也必须公转。公转，是指一个天体围绕着另一个天体转动。比如太阳系中的八大行星，在自转的同时，还会围绕太阳转动。同样，一个人在独立自主的同时，也要考虑他人的感受，懂得分享，关心他人的利益，通过合作与他人建立起平等互利的关系。在自转的同时，学会公转，是一个人心智成熟的体现。犹太智者希勒尔说："如果我不为自己，谁会为我？而如果我只为自己，那我是什么？"

每个人绝不仅仅是他自己，头上系着日月星辰。如果一个人只要自转，不要公转，势必造成重心失衡，人生翻车。神经症患者、自杀者、罪犯，莫不如此。但同时，我们也要懂得，治愈自恋，不是消除人的独立、自信、自尊和创造力，而是要培养同情心和共情力，在自转的同时，能够公转，通过合作实现自身的价值。

吉凶定律：谁违背谁倒霉，谁遵循谁受益

心理学有两个术语：内归因和外归因。意思是，当问题发生时，有些人习惯从自己身上找原因，即内归因；而另一些人则习惯从别人身上和外部环境找原因，即外归因。

任何事情都不能走极端，如果将内归因推向极致，人

就很容易陷入过分自责，背负沉重的负罪感；相反，如果将外归因推向极端，人则容易缺乏反省意识，推卸责任。过去袁学海认为自己的一切遭遇都是命中注定，无法改变，就是将外归因推向了极端。从这个角度看，云谷禅师对袁学海的治疗，其实是在平衡他的归因模式，让他明白，命运固然存在，但它不是自身力量无法抗拒的宿命，可以通过心理治愈来改变。虽然我们会受到客观环境的影响，但真正能塑造命运的，只有我们自己。

经过治愈，袁了凡很快就发现了一个规律：任何吉凶祸福，都有预兆；这预兆先萌动于心，然后才表现在语言和行为上。一个人如果自大、傲慢，即使现在风光无限，那也是昙花一现，劈他的雷已在路上。相反，如果一个人谦卑、柔和，智慧的内光被点亮，自然而然就有福气、有前途。这就是吉凶定律。

"风箱效应"带来"开挂"的人生，而自大狂则难逃"吉凶定律"的惩罚。

升为兵部主事后不久，辽东频频传来急报，日军进攻朝鲜，平壤陷落。一石激起千层浪，朝野哗然。在朝鲜国王李昖的再三恳请下，明朝派出了浩浩荡荡的远征军，主帅为名将李如松，而参谋长（赞画）则是袁了凡。

一月的朝鲜,北风呼啸,大雪纷飞,天地间白茫茫一片。袁了凡一身戎装,骑在马背上,望着风雪中绵延不绝的行军队伍,豪情万丈。过去,他只在唐诗中读过"宁为百夫长,胜作一书生""黄沙百战穿金甲,不破楼兰终不还",他曾被朝气勃勃的盛唐气象深深吸引,没想到自己年满60岁,还能亲率大军出征。抚今追昔,感慨万千。

跨过鸭绿江后,远征军突然发起攻击,一举收复平壤。日军全线溃退,撤退到今天的首尔一线。

平壤大捷后,袁了凡心如明镜,没被胜利冲昏头脑,他洞若观火,知道明军取胜在于突袭和大炮的威力,也知道日军的优势在于火枪,不可不防。但李如松却不一样,旗开得胜令他变得骄傲自大起来,遂产生一个妄念:一举消灭全部日军,建盖世之功。

身为参谋长,袁了凡及时提出自己的看法。此时,身材魁梧的李如松如众星捧月般被手下奉为战神,自我膨胀到了天际。他虚与委蛇,答应会考虑袁了凡的建议,实际上只是重新安排自己的偏见。看着李如松顾盼自雄的样子,袁了凡知道,自大和傲慢所带来的凶兆已经显现。两军对垒,最可怕的敌人,不是对手,而是自己头脑发昏。

当李如松一意孤行,决定率领辽东铁骑向南进军之时,袁了凡请求率领三千老弱残兵，留守平壤。他谦虚地倾听手下将领的建议，日夜加强防卫，防止日军偷袭。

一天，袁了凡在大帐内休息，传令兵急匆匆来报，日军骑兵突袭平壤。袁了凡披上铠甲，登上城楼，只见日军似潮水般向城墙奔涌而来。袁了凡不慌不忙，让手下传令击鼓，迎敌。霎时，城墙上旌旗猎猎，炮声隆隆。经过一场厮杀，日军战败，仓皇而逃。

不久，李如松战败的消息传来，由于轻敌冒进，大军在碧蹄馆一带被日军包围，损失惨重。对于这样的结局，袁了凡一点也不意外，因为在外面的战争还未打响之前，李如松就用傲慢把一个"凶"字刻在了脸上。自以为是的人绝不是真英勇，必将受到吉凶定律的惩罚。

吉凶定律就像万有引力定律一样，准确无误，却又铁面无私，一视同仁。如果你从一栋大楼上掉下来，无论你是好人还是坏人，都会落在地面上。同样，"满招损，谦受益"的吉凶定律，无论是谁，遵守则受益，违背就倒霉。

尾 声
一切心理治愈，
都是为了活出良知

一

《三体》中有这样的话："在中国，任何超脱飞扬的思想都会砰然坠地——现实的引力实在是太沉重了。"

正当袁了凡在平壤城殚精竭虑、加强防卫的时候，却出乎意料地被李如松参劾了。作为主帅，遭受那么大的失败，不找个人来背锅怎么能解脱呢。于是，李如松向朝廷罗列了袁了凡的十大罪状，甚至连他在宝坻减税也被说成是"纵民逋税"。

欲加之罪，何患无辞，朝廷从来不关心真相，而是大局。在大局面前，真相就是个屁。为了平衡关系，袁了凡被革职回乡。

这样的打击搁在平凡人身上,肯定难以承受,会感到冤屈、愤懑、悔恨、郁郁寡欢,甚至抑郁成疾。但经过多年的行善疗愈,袁了凡已完成蜕变,成了不平凡的人,他的心理稳定性今非昔比,行为方式发生了根本性的改变。他知道发生了什么不重要,怎样看待这些事情才重要。生命的意义不是别人赋予的,而是由自己定义的,即使被人踹进阴沟里,也可以选择仰望星空。

过去,袁了凡的心理稳定性极差,他容易生气、抑郁,以及有洁癖强迫症就是证明。那时,由于内心紧张、焦虑、自卑、缺乏安全感,他的行为服从于"自我保护策略"。比如,在与人发生冲突时,他首先会想:"如何才能更好地保护自己?""是选择攻击、讨好、伪装,还是逃避?"在处理问题时,他不太考虑是非曲直,主要考虑如何做才对自己有利。而现在,他为人处世,第一考虑的是:"我这样做正直吗?有意义吗?是善吗?能不能对得起良心?"他将"自我保护策略"升级成了"价值策略",即用高层次的价值观指引人生。

自我保护策略是"心灵的面具""良知的外壳",但很遗憾,它们并不能保护自己,反而容易陷入心理困境,让

"面具"变成枷锁,"外壳"变成作茧自缚,生生将良心一层层包裹起来,陷入重围,无法自拔,不知道活着的意义,以及存在的价值。心理学认为,自我保护策略,是神经症的驱动力。

二

自我保护策略不仅表现为神经症,还表现为各种卑劣的行径,比如阿谀奉承、见风使舵、撒谎、欺诈、揣着明白装糊涂、吃小亏占大便宜、厚黑学等,都属于这类。而历史上的勾践尝粪、刘备卖傻、朱棣装疯等,这些被人津津乐道的权谋,不过是将保护策略运用到了极致。

保护策略是生存手段,动物也有。比如,狗通过谄媚主人,得到骨头;臭鼬通过放臭气,让捕猎者知难而退;变色龙是"欺骗高手"。仅凭这一点,可以得出结论:自我保护策略,其实是动物智慧,与良知无关,与正义无关,与真理无关。然而,很多人却误把动物智慧当成高情商,认为是有能力的表现。就像前面提到电影《驴得水》中的周铁男,当子弹从他脸上擦过之后,在求生本能的驱使下,他立马卑躬屈膝,露出一副谄媚的嘴脸。而他自己却把这种行为当成是有能力跟别人周旋。

只有保护策略、动物智慧，是很可怕的，人会因此变得趋炎附势，谁厉害，就跟谁，谁弱小，就欺负谁。庄子说，欲望太深的人，天机浅。同样，一个人生存手段太多，就会逐渐丧失存在的勇气。生存手段是弱肉强食，没有是非观，不讲公平、正义与良知，以成败论英雄。而存在的勇气是不畏强权，坚持真理与光明，就像苏格拉底、哥白尼、布鲁诺等前赴后继推动人类社会进步的人们。

《左传》中有一个"崔杼弑其君"的故事。"弑"是指以下犯上，比如臣子杀死君主、子女杀死父母等。一天，齐国大臣崔杼设局杀死齐庄公，手握大权。但他不想背负弑君的罪名，想请记录历史的太史美化一下。倘若太史识时务，会来事，运用动物智慧、生存手段，很容易赢得崔杼的赏识，但他却秉笔直书——"崔杼杀死了他的国君"。

崔杼一怒之下，将他杀掉。

之后，崔杼又威胁太史的两个弟弟太史仲和太史叔，让其歪曲历史。太史仲和太史叔不为所动，依然在竹简上写道："崔杼杀死了他的国君。"崔杼怒不可遏，又残忍地将他们一一杀害。

崔杼接连杀了三位史官，以为血淋淋的头颅能吓退其他人，谁知太史的最后一个弟弟依然不惧死亡，尊重事实，秉笔直书："崔杼杀死了他的国君。"而另外一位敢说真话的史官，拿着写好的竹简正在赶往这里的路上。

崔杼无奈，只得作罢。

历史上，崔杼的形象猥琐、丑陋，最后不得善终，而几位史官的形象却伟岸、正直，他们为捍卫真相慷慨赴义的那一刻，所彰显的人性高度，是常人难以企及的。

虽然艰难，但并不是每个人都像周铁男，当别人拿枪指着头的时候，瞬间由人变成狗，施展出动物智慧。自古以来，就有舍生取义的人，有为民请愿的人，有富贵不能淫、贫贱不能移、威武不能屈的人。

诗人鲁米说："你生而有翼，为何竟愿一生匍匐前行，形如虫蚁？"

蜷缩在保护策略的壳中，即使锦衣玉食，生命也是匍匐在地，形如虫蚁。而遵循价值策略，唤醒良知，就是为生命插上双翼。而如今，袁了凡就是这样的人。他通过行善，卸下保护外壳，露出良知，用公平、正义、勇气、真诚、同情、善良、信任、坚韧、宽容等价值观，应对生活中的挑战。

少一些吃屎的心机，多一些做人的良知；少一些生存手段，多一些存在勇气；少一些"术"，多一些"道"。用崇高的价值观取缔动物智慧，是人类进化的方向，也是心理治愈的目的。

本质上，一切心理治愈，归根结底，都是为了活出良知。

克尔凯郭尔说："一个人若能真正独立于这个世界，只听从自己良心的忠告，那他就是一位英雄。"

三

心理治愈不是为了逃避生活中的打击，获得暂时的安逸，而是为了淬炼心性，以便在遭遇挫折时，具有勇气、智慧和力量，守卫良知，活出生命的意义。一个人知道为什么而活，在任何情况下都不会被埋没。纳粹时期，作为犹太人，心理学家维克多·弗兰克尔全家被关进了奥斯维辛集中营，他的父母、妻子、哥哥，全都惨死在毒气室中，只有他和妹妹幸存了下来。在惨无人道的日子里，弗兰克尔没有消沉，而是以自己的苦难经历创立了"意义疗法"，为深陷绝境的人找到希望。他说，一些不可控的力量可能拿走你很多东西，你无法控制生命中会发生什么，但可以

尾声 一切心理治愈，都是为了活出良知

调节面对这些事情时自己的情绪和行为。只要我们能用自己的力量选择自己的回应方式，就不会一无所有。

如果说弗洛伊德潜心研究人的过去和潜意识，是"深度心理学"，那么"意义疗法"就是"高度心理学"，可以让人在困苦中保持真实、清醒、勇气、自尊和同情，过上有意义、有高度的生活。

一次，有学生请弗兰克尔用一句话概括他本人生命的意义。他把回答写在了纸上，让学生们猜他写下了什么。经过思考，一名学生的回答让弗兰克尔大吃一惊。那名学生说："您生命的意义在于帮助他人找到他们生命的意义。"

"一字不差，"弗兰克尔说，"你说的正是我写的。"

那么，袁了凡生命的意义是什么呢？

他生命的意义不在科举，不在仕途，而是在革职返乡后，写了这本《了凡四训》，用亲身经历告诉儿子和后人——性格可以改变，命运可以重塑。具体方法就是行善。

弗兰克尔创立了"意义疗法"，而袁了凡则实践了"行善疗法"。什么是行善？行善就是活出良知，让自己和他人变得真实。

电影《无问西东》给"真实"下了这样的定义："你

看到什么、听到什么、做什么、和谁在一起，有一种从心灵深处满溢出来的不懊悔也不羞耻的和平与喜悦。"这段颇具禅意的话意味深长，所谓真实，就是突破保护外壳，打开你的感官，去感受，去成为你自己。因为在最深的感受里，隐藏着最真的自己。

然而，世俗的噪声此起彼伏，我们的感受常被裹挟、篡改、淹没。问心无愧，是做人做事的起码标准，也是很高的要求。那些能够让人活出自我、活出尊严、活出人性光芒的力量，都是善。

心学泰斗王阳明临终前，弟子问他还有什么话要说，他指着自己的心说："此心光明，亦复何言。"

弗兰克尔逝世后，有人评价他："英雄稀有，他们静静地出现、发光，在世界上留下印记。当他们逝去，作为整体的人性，已变得不再一样了。"

很多人以为袁了凡革职回乡，油尽灯枯，很快就会黯淡无光。没想到69岁时，他的命运再一次发生反转。《了凡四训》问世，袁了凡声名鹊起，响彻宇内，生命散发出了更加璀璨的光芒，给迷茫的人、畏惧的人、徘徊的人、痛苦的人、精神失落的人、绝望的人……带来温暖、希望和力量。

岁月如梭，几十年过去了，几百年过去了，当年那些考中状元、榜眼和探花的名字早就风吹雨打去，而"袁了凡"这个名字，以及这个名字下的人却熠熠生辉，影响着一代又一代人。

比如，曾国藩读到"从前种种，譬如昨日死；从后种种，譬如今日生"后，一句点醒梦中人，遂取名"涤生"：洗涤旧迹，获得新生。

比如，《了凡四训》传到日本，稻盛和夫读后，深信命运不是宿命，可以通过行善来改变。他在商业上取得的巨大成功，他所说的"活法"和"利他之心"，其实就是将"行善疗法"融入生活。

我曾想，如果没有袁了凡，还会不会有曾涤生？如果没有《了凡四训》，稻盛和夫会不会逊色很多？历史是无法假设的，但人们心底对于真实、善良、正义、无畏和同情的追求从未停止，永远在心与心之间传递、激荡。

四

真实是生命之魂，不真实的人失魂落魄，就像电影《无问西东》中的吴岭澜、沈光耀、王敏佳、李想、张果果，都曾因为学业、前途、爱情、工作和事业……迷茫过、麻木过、纠结过、虚荣过、痛苦过，但最后却因某个人、某件事、某句话，找回了真实的自我。他们在生命坠落之时，有幸遇见托底的人，而他们最后又成了给别人托底的人，让别人拥有了变得真实的力量。

每个人都有迷茫、痛苦和绝望的时候，也都需要有人来托底。给袁了凡托底的是云谷禅师，而当袁了凡写出《了凡四训》后，他又成了给曾国藩和稻盛和夫托底的人。听一位移民新加坡的朋友说，新加坡很多中小学校里，那些拿着苹果手机的孩子，每天都会填写"功过格"，袁了凡托的底深远弥长。

心理治愈是善，因为它能让人变得真，而《了凡四训》是大善，因为数百年来，它令成千上万人摆脱迷茫、无助、沮丧、自大、抑郁和绝望，默默从谦卑中生出真心和担当。

在此，我想以《无问西东》中的一段话作为结束语：

愿你在被打击时，
记起你的珍贵，抵抗恶意；
愿你在迷茫时，坚信你的珍贵。
爱你所爱，行你所行，
听从你心，无问西东。

附 录

《了凡四训》

第一篇　立命之学

余童年丧父,老母命弃举业学医,谓:"可以养生,可以济人,且习一艺以成名,尔父夙心也。"

后余在慈云寺,遇一老者,修髯伟貌,飘飘若仙,余敬礼之。语余曰:"子仕路中人也,明年即进学,何不读书?"余告以故,并叩老者姓氏里居。曰:"吾姓孔,云南人也。得邵子皇极数正传,数该传汝。"

余引之归,告母。母曰:"善待之。"试其数,纤悉皆验。余遂启读书之念,谋之表兄沈称,言:"郁海谷先生,在沈友夫家开馆,我送汝寄学甚便。"余遂礼郁为师。

孔为余起数:县考童生,当十四名;府考七十一名;

提学考第九名。明年赴考，三处名数皆合。复为卜终身休咎，言："某年考第几名，某年当补廪，某年当贡，贡后某年，当选四川一大尹，在任三年半，即宜告归。五十三岁八月十四日丑时，当终于正寝，惜无子。"余备录而谨记之。

自此以后，凡遇考校，其名数先后，皆不出孔公所悬定者。独算余食廪米九十一石五斗当出贡，及食米七十余石，屠宗师即批准补贡，余窃疑之。后果为署印杨公所驳，直至丁卯年，殷秋溟宗师见余场中备卷，叹曰："五策，即五篇奏议也，岂可使博洽淹贯之儒，老于窗下乎！"遂依县申文准贡，连前食米计之，实九十一石五斗也。余因此益信进退有命，迟速有时，澹然无求矣。贡入燕都，留京一年，终日静坐，不阅文字。

己巳归，游南雍。未入监，先访云谷会禅师于栖霞山中，对坐一室，凡三昼夜不瞑目。

云谷问曰："凡人所以不得作圣者，只为妄念相缠耳。汝坐三日，不见起一妄念，何也？"余曰："吾为孔先生算定，荣辱生死，皆有定数，即要妄想，亦无可妄想。"云谷笑曰："我待汝是豪杰，原来只是凡夫。"

问其故，曰："人未能无心，终为阴阳所缚，安得无数？但惟凡人有数；极善之人，数固拘他不定；极恶之人，数亦拘他不定。汝二十年来，被他算定，不曾转动一毫，岂非是凡夫？"

余问曰："然则数可逃乎？"曰："命由我作，福自己求。《诗》《书》所称，的为明训。我教典中说：'求富贵得富贵，求男女得男女，求长寿得长寿。'夫妄语乃释迦大戒，诸佛菩萨，岂诳语欺人？"

余进曰："孟子言：'求则得之'，是求在我者也。道德仁义，可以力求；功名富贵，如何求得？"云谷曰："孟子之言不错，汝自错解耳。汝不见六祖说：'一切福田，不离方寸；从心而觅，感无不通。'求在我，不独得道德仁义，亦得功名富贵；内外双得，是求有益于得也。若不反躬内省，而徒向外驰求，则'求之有道，而得之有命'矣，内外双失，故无益。"

因问："孔公算汝终身若何？"余以实告。云谷曰："汝自揣应得科第否？应生子否？"余追省良久，曰："不应也。科第中人，类有福相，余福薄，又不能积功累行，以基厚福；兼不耐烦剧，不能容人；时或以才智盖人，直心直行，轻言妄谈。凡此皆薄福之相也，岂宜科第哉！

"地之秽者多生物，水之清者常无鱼，余好洁，宜无子者一；和气能育万物，余善怒，宜无子者二；爱为生生之本，忍为不育之根，余矜惜名节，常不能舍己救人，宜无子者三；多言耗气，宜无子者四；喜饮铄精，宜无子者五；好彻夜长坐，而不知葆元毓神，宜无子者六。其余过恶尚多，不能悉数。"

云谷曰："岂惟科第哉！世间享千金之产者，定是千金人物；享百金之产者，定是百金人物；应饿死者，定是饿死人物。天不过因材而笃，几曾加纤毫意思？即如生子，有百世之德者，定有百世子孙保之；有十世之德者，定有十世子孙保之；有三世二世之德者，定有三世二世子孙保之。其斩焉无后者，德至薄也。汝今既知非，将向来不发科第，及不生子之相，尽情改刷。务要积德，务要包荒，务要和爱，务要惜精神。从前种种，譬如昨日死；从后种种，譬如今日生：此义理再生之身也。

"夫血肉之身，尚然有数；义理之身，岂不能格天？《太甲》曰：'天作孽，犹可违；自作孽，不可活。'《诗》云：'永言配命，自求多福。'孔先生算汝不登科第，不生子者，此天作之孽也，犹可得而违也；汝今扩充德性，力行善事，多积阴德，此自己所作之福也，安得而不受享乎？《易》为君子谋，趋吉避凶；若言天命有常，吉何可趋，凶何可避？开章第一义，便说：'积善之家，必有余庆。'汝信得及否？"余信其言，拜而受教。

因将往日之罪，佛前尽情发露，为疏一通，先求登科，誓行善事三千条，以报天地祖宗之德。

云谷出功过格示余，令所行之事，逐日登记；善则记数，恶则退除；且教持准提咒，以期必验。

语余曰："符箓家有云：'不会书符，被鬼神笑。'此有秘传，只是不动念也。执笔书符，先把万缘放下，一尘不起。从此念头不动处，下一点，谓之混沌开基。由此而一笔挥成，更无思虑，此符便灵。

"凡祈天立命，都要从无思无虑处感格。孟子论立命之学，而曰：'夭寿不贰。'夫夭寿，至贰者也。当其不动念时，孰为夭，孰为寿？细分之，丰歉不贰，然后可立贫富之命；穷通不贰，然后可立贵贱之命；夭寿不贰，然后可立生死之命。人生世间，惟死生为重，曰夭寿，则一切顺逆皆该之矣。

"至'修身以俟之'，乃积德祈天之事。曰'修'，则身有过恶，皆当治而去之；曰'俟'，则一毫觊觎，一毫将迎，皆当斩绝之矣。到此地位，直造先天之境，即此便是实学。汝未能无心，但能持准提咒，无记无数，不令间断，持得纯熟，于持中不持，于不持中持。到得念头不动，则灵验矣。"

余初号"学海",是日改号"了凡",盖悟立命之说,而不欲落凡夫窠臼也。

从此而后,终日兢兢,便觉与前不同。前日只是悠悠放任,到此自有战兢惕厉景象,在暗室屋漏中,常恐得罪天地鬼神;遇人憎我毁我,自能恬然容受。

到明年,礼部考科举,孔先生算该第三,忽考第一,其言不验,而秋闱中式矣。然行义未纯,检身多误:或见善而行之不勇,或救人而心常自疑;或身勉为善,而口有过言;或醒时操持,而醉后放逸。以过折功,日常虚度。

自己巳岁发愿,直至己卯岁,历十余年,而三千善行始完。时方从李渐庵入关,未及回向。庚辰南还,始请性空、慧空诸上人,就东塔禅堂回向。遂起求子愿,亦许行三千善事。辛巳,生男天启。

余行一事,随以笔记;汝母不能书,每行一事,辄用鹅毛管,印一朱圈于历日之上。或施食贫人,或买放生命,一日有多至十余圈者。至癸未八月,三千之数已满。复请性空辈,就家庭回向。

九月十三日,复起求中进士愿,许行善事一万条,丙戌登第,授宝坻知县。余置空格一册,名曰《治心篇》。

晨起坐堂，家人携付门役，置案上，所行善恶，纤悉必记。夜则设桌于庭，效赵阅道焚香告帝。

汝母见所行不多，辄颦蹙曰："我前在家，相助为善，故三千之数得完；今许一万，衙中无事可行，何时得圆满乎？"夜间偶梦见一神人，余言善事难完之故。神曰："只减粮一节，万行俱完矣。"

盖宝坻之田，每亩二分三厘七毫。余为区处，减至一分四厘六毫。委有此事，心颇惊疑。适幻余禅师自五台来，余以梦告之，且问此事宜信否？师曰："善心真切，即一行可当万善，况合县减粮，万民受福乎！"吾即捐俸银，请其就五台山斋僧一万而回向之。

孔公算予五十三岁有厄，余未尝祈寿，是岁竟无恙，今六十九矣。《书》曰："天难谌，命靡常。"又云："惟命不于常。"皆非诳语。吾于是而知，凡称祸福自己求之者，乃圣贤之言；若谓祸福惟天所命，则世俗之论矣。

汝之命，未知若何。即命当荣显，常作落寞想；即时当顺利，当作拂逆想；即眼前足食，常作贫窭想；即人相爱敬，常作恐惧想；即家世望重，常作卑下想；即学问颇优，常作浅陋想。

远思扬祖宗之德，近思盖父母之愆；上思报国之恩，下思造家之福；外思济人之急，内思闲己之邪。

务要日日知非，日日改过；一日不知非，即一日安于自是；一日无过可改，即一日无步可进。天下聪明俊秀不少，所以德不加修、业不加广者，只为因循二字，耽阁一生。云谷禅师所授立命之说，乃至精至邃、至真至正之理，其熟玩而勉行之，毋自旷也。

第二篇　改过之法

春秋诸大夫，见人言动，亿而谈其祸福，靡不验者，《左》《国》诸记可观也。大都吉凶之兆，萌乎心而动乎四体，其过于厚者常获福，过于薄者常近祸。俗眼多翳，谓有未定而不可测者。至诚合天，福之将至，观其善而必先知之矣；祸之将至，观其不善而必先知之矣。今欲获福而远祸，未论行善，先须改过。

但改过者，第一，要发耻心。思古之圣贤，与我同为丈夫，彼何以百世可师？我何以一身瓦裂？耽染尘情，私行不义，谓人不知，傲然无愧，将日沦于禽兽而不自知矣；世之可羞可耻者，莫大乎此。孟子曰："耻之于人大矣。"

以其得之则圣贤，失之则禽兽耳。此改过之要机也。

第二，要发畏心。天地在上，鬼神难欺，吾虽过在隐微，而天地鬼神，实鉴临之，重则降之百殃，轻则损其现福，吾何可以不惧？不惟是也。闲居之地，指视昭然；吾虽掩之甚密，文之甚巧，而肺肝早露，终难自欺；被人觑破，不值一文矣，乌得不懔懔？

不惟是也。一息尚存，弥天之恶，犹可悔改。古人有一生作恶，临死悔悟，发一善念，遂得善终者。谓一念猛厉，足以涤百年之恶也。譬如千年幽谷，一灯才照，则千年之暗俱除；故过不论久近，惟以改为贵。但尘世无常，肉身易殒，一息不属，欲改无由矣。明则千百年担负恶名，虽孝子慈孙，不能洗涤；幽则千百劫沉沦狱报，虽圣贤、佛、菩萨，不能援引。乌得不畏？

第三，须发勇心。人不改过，多是因循退缩；吾须奋然振作，不用迟疑，不烦等待。小者如芒刺在肉，速与抉剔；大者如毒蛇啮指，速与斩除，无丝毫凝滞。此风雷之所以为益也。

具是三心，则有过斯改，如春冰遇日，何患不消乎？然人之过，有从事上改者，有从理上改者，有从心上改者。工夫不同，效验亦异。如前日杀生，今戒不杀；前日怒詈，今戒不怒；此就其事而改之者也。强制于外，其难百倍，且病根终在，东灭西生，非究竟廓然之道也。

善改过者，未禁其事，先明其理。如过在杀生，即思曰：上帝好生，物皆恋命，杀彼养己，岂能自安？且彼之杀也，既受屠割，复入鼎镬，种种痛苦，彻入骨髓。己之养也，珍膏罗列，食过即空；疏食菜羹，尽可充腹，何必戕彼之生，损己之福哉？又思血气之属，皆含灵知，既有灵知，皆我一体，纵不能躬修至德，使之尊我亲我，岂可日戕物命，使之仇我憾我于无穷也？一思及此，将有对食伤心，不能下咽者矣。

如前日好怒，必思曰：人有不及，情所宜矜；悖理相干，于我何与？本无可怒者。又思天下无自是之豪杰，亦无尤人之学问；行有不得，皆己之德未修，感未至也。吾悉以自反，则谤毁之来，皆磨炼玉成之地；我将欢然受赐，何怒之有？

又闻谤而不怒，虽谗焰熏天，如举火焚空，终将自息；闻谤而怒，虽巧心力辩，如春蚕作茧，自取缠绵。怒不惟无益，且有害也。其余种种过恶，皆当据理思之。此理既明，过将自止。

何谓从心而改？过有千端，惟心所造；吾心不动，过安从生？学者于好色、好名、好货、好怒，种种诸过，不必逐类寻求，但当一心为善，正念现前，邪念自然污染不上。如太阳当空，魍魉潜消，此"精一"之真传也。过由心造，亦由心改，如斩毒树，直断其根，奚必枝枝而伐，叶叶而摘哉？

大抵最上者治心，当下清净；才动即觉，觉之即无；苟未能然，须明理以遣之；又未能然，须随事以禁之。以上事而兼行下功，未为失策；执下而昧上，则拙矣。

顾发愿改过，明须良朋提醒，幽须鬼神证明。一心忏悔，昼夜不懈，经一七、二七，以至一月、二月、三月，必有效验。或觉心神恬旷；或觉智慧顿开；或处冗沓而触念皆通；或遇怨仇而回嗔作喜；或梦吐黑物；或梦往圣先贤，提携接引；或梦飞步太虚；或梦幢幡宝盖。种种胜事，皆过消罪灭之象也。然不得执此自高，画而不进。

昔蘧伯玉当二十岁时，已觉前日之非而尽改之矣。至二十一岁，乃知前之所改，未尽也；及二十二岁，回视二十一岁，犹在梦中。岁复一岁，递递改之。行年五十，而犹知四十九年之非。古人改过之学如此。

吾辈身为凡流，过恶猬集，而回思往事，常若不见其有过者，心粗而眼翳也。然人之过恶深重者，亦有效验：或心神昏塞，转头即忘；或无事而常烦恼；或见君子而赧然消沮；或闻正论而不乐；或施惠而人反怨；或夜梦颠倒，甚则妄言失志。皆作孽之相也。苟一类此，即须奋发，舍旧图新，幸勿自误。

第三篇　积善之方

《易》曰："积善之家，必有余庆。"昔颜氏将以女妻叔梁纥，而历叙其祖宗积德之长，逆知其子孙必有兴者。孔子称舜之大孝，曰："宗庙飨之，子孙保之。"皆至论也。试以往事征之。

杨少师荣，建宁人，世以济渡为生。久雨溪涨，横流冲毁民居，溺死者顺流而下。他舟皆捞取货物，独少师曾祖及祖，惟救人，而货物一无所取，乡人嗤其愚。逮少师父生，家渐裕。有神人化为道者，语之曰："汝祖、父有阴功，子孙当贵显，宜葬某地。"遂依其所指而窆之，即今白兔坟也。后生少师，弱冠登第，位至三公，加曾祖、祖、父，如其官。子孙贵盛，至今尚多贤者。

鄞人杨自惩，初为县吏，存心仁厚，守法公平。时县宰严肃，偶挞一囚，血流满前，而怒犹未息，杨跪而宽解之。宰曰:"怎奈此人越法悖理,不由人不怒。"自惩叩首曰:"'上失其道,民散久矣,如得其情,哀矜勿喜。'喜且不可,而况怒乎?"宰为之霁颜。家甚贫,馈遗一无所取。遇囚人乏粮,常多方以济之。一日,有新囚数人待哺,家又缺米,给囚则家人无食,自顾则囚人堪悯。与其妇商之。妇曰:"囚从何来?"曰:"自杭而来。沿路忍饥,菜色可掬。"因撤己之米,煮粥以食囚。后生二子,长曰守陈,次曰守址,为南北吏部侍郎。长孙为刑部侍郎,次孙为四川廉宪,又俱为名臣。今楚亭德政,亦其裔也。

昔正统间,邓茂七倡乱于福建,士民从贼者甚众。朝廷起鄞县张都宪楷南征,以计擒贼。后委布政司谢都事,搜杀东路贼党。谢求贼中党附册籍,凡不附贼者,密授以白布小旗,约兵至日插旗门首,戒军兵无妄杀,全活万人。后谢之子迁,中状元,为宰辅;孙丕,复中探花。

莆田林氏,先世有老母好善,常作粉团施人,求取即与之,无倦色。一仙化为道人,每旦索食六七团。母日日与之,终三年如一日,乃知其诚也。因谓之曰:"吾食汝三年粉团,何以报汝?府后有一地,葬之,子孙官爵,有一升麻子之数。"其子依所点葬之,初世即有九人登第,累代簪缨甚盛。福建有"无林不开榜"之谣。

冯琢庵太史之父，为邑庠生。隆冬早起赴学，路遇一人，倒卧雪中，扪之，半僵矣。遂解己绵裘衣之，且扶归救苏。梦神告之曰："汝救人一命，出至诚心，吾遣韩琦为汝子。"及生琢庵，遂名琦。

台州应尚书，壮年习业于山中。夜鬼啸集，往往惊人，公不惧也。一夕闻鬼云："某妇以夫久客不归，翁姑逼其嫁人。明夜当缢死于此，吾得代矣。"公潜卖田，得银四两。即伪作其夫之书，寄银还家。其父母见书，以手迹不类，疑之。既而曰："书可假，银不可假；想儿无恙。"妇遂不嫁。其子后归，夫妇相保如初。公又闻鬼语曰："我当得代，奈此秀才坏吾事。"旁一鬼曰："尔何不祸之？"曰："上帝以此人心好，命作阴德尚书矣。吾何得而祸之？"应公因此益自努励，善日加修，德日加厚。遇岁饥，辄捐谷以赈之；遇亲戚有急，辄委曲维持；遇有横逆，辄反躬自责，怡然顺受。子孙登科第者，今累累也。

常熟徐凤竹栻，其父素富。偶遇年荒，先捐租以为同邑之倡，又分谷以赈贫乏。夜闻鬼唱于门曰："千不诳，万不诳，徐家秀才，做到了举人郎。"相续而呼，连夜不断。是岁，凤竹果举于乡。其父因而益积德，孳孳不怠，修桥修路，斋僧接众，凡有利益，无不尽心。后又闻鬼唱于门曰："千不诳，万不诬，徐家举人，直做到都堂。"凤竹官终两浙巡抚。

嘉兴屠康僖公，初为刑部主事，宿狱中，细询诸囚情状，得无辜者若干人。公不自以为功，密疏其事，以白堂官。后朝审，堂官摘其语，以讯诸囚，无不服者，释冤抑十余人，一时辇下咸颂尚书之明。公复禀曰："辇毂之下，尚多冤民；四海之广，兆民之众，岂无枉者？宜五年差一减刑官，核实而平反之。"尚书为奏，允其议。时公亦差减刑之列。梦一神告之曰："汝命无子，今减刑之议，深合天心，上帝赐汝三子，皆衣紫腰金。"是夕夫人有娠，后生应埙、应坤、应埈，皆显官。

嘉兴包凭，字信之，其父为池阳太守，生七子，凭最少，赘平湖袁氏，与吾父往来甚厚。博学高才，累举不第，留心二氏之学。一日东游泖湖，偶至一村寺中，见观音像，淋漓露立，即解橐中得十金，授主僧，令修屋宇。僧告以功大银少，不能竣事。复取松布四匹，检箧中衣七件与之，内纻褶，系新置，其仆请已之。凭曰："但得圣像无恙，吾虽裸裎何伤？"僧垂泪曰："舍银及衣布，犹非难事；只此一点心，如何易得！"后功完，拉老父同游，宿寺中。公梦伽蓝来谢曰："汝子当享世禄矣。"后子汴，孙柽芳，皆登第，作显官。

嘉善支立之父，为刑房吏。有囚无辜陷重辟，意哀之，欲求其生。囚语其妻曰："支公嘉意，愧无以报，明日延之下乡，汝以身事之，彼或肯用意，则我可生也。"其妻泣而听命。及至，妻自出劝酒，具告以夫意，支不听。卒为尽力平反之。囚出狱，夫妻登门叩谢曰："公如此厚德，晚世所稀。今无子，吾有弱女，送为箕帚妾，此则礼之可通者。"支为备礼而纳之，生立，弱冠中魁，官至翰林孔目。立生高，高生禄，皆贡为学博。禄生大纶，登第。

凡此十条，所行不同，同归于善而已。若复精而言之，则善有真、有假，有端、有曲，有阴、有阳，有是、有非，有偏、有正，有半、有满，有大、有小，有难、有易，皆当深辨。为善而不穷理，则自谓行持，岂知造孽，枉费苦心，无益也。

何谓真假？昔有儒生数辈，谒中峰和尚，问曰："佛氏论善恶报应，如影随形。今某人善，而子孙不兴；某人恶，而家门隆盛。佛说无稽矣。"中峰云："凡情未涤，正眼未开，认善为恶，指恶为善，往往有之。不憾己之是非颠倒，而反怨天之报应有差乎？"众曰："善恶何致相反？"中峰令试言其状。一人谓："骂人殴人是恶；敬人礼人是善。"中峰云："未必然也。"一人谓："贪财妄取是恶，廉洁有守是善。"中峰云:"未必然也。"众人历言其状,中峰皆谓"不然"。因请问。中峰告之曰:"有益于人,是善;有益于己,是恶。有益于人,则殴人、詈人皆善也;有益于己,则敬人、礼人皆恶也。是故人之行善,利人者公,公则为真;利己者私,私则为假。又根心者真,袭迹者假;又无为而为者真,有为而为者假。皆当自考。"

何谓端曲?今人见谨愿之士,类称为善而取之;圣人则宁取狂狷。至于谨愿之士,虽一乡皆好,而必以为德之贼。是世人之善恶,分明与圣人相反。推此一端,种种取舍,无有不谬。天地鬼神之福善祸淫,皆与圣人同是非,而不与世俗同取舍。凡欲积善,决不可徇耳目,惟从心源隐微处,默默洗涤。纯是济世之心,则为端;苟有一毫媚世之心,即为曲。纯是爱人之心,则为端;有一毫愤世之心,即为曲。纯是敬人之心,则为端;有一毫玩世之心,即为曲。皆当细辨。

何谓阴阳?凡为善而人知之,则为阳善;为善而人不知,则为阴德。阴德,天报之;阳善,享世名。名,亦福也。名者,造物所忌。世之享盛名而实不副者,多有奇祸;人之无过咎而横被恶名者,子孙往往骤发。阴阳之际微矣哉。

何谓是非?鲁国之法,鲁人有赎人臣妾于诸侯,皆受金于府。子贡赎人而不受金。孔子闻而恶之曰:"赐失之矣。

夫圣人举事，可以移风易俗，而教道可施于百姓，非独适己之行也。今鲁国富者寡而贫者众，受金则为不廉，何以相赎乎？自今以后，不复赎人于诸侯矣。"子路拯人于溺，其人谢之以牛，子路受之。孔子喜曰："自今鲁国多拯人于溺矣。"自俗眼观之，子贡不受金为优，子路之受牛为劣，孔子则取由而黜赐焉。乃知人之为善，不论现行而论流弊，不论一时而论久远，不论一身而论天下。现行虽善，而其流足以害人，则似善而实非也；现行虽不善，而其流足以济人，则非善而实是也。然此就一节论之耳。他如非义之义，非礼之礼，非信之信，非慈之慈，皆当抉择。

何谓偏正？昔吕文懿公初辞相位，归故里，海内仰之，如泰山北斗。有一乡人，醉而詈之，吕公不动，谓其仆曰："醉者勿与较也。"闭门谢之。逾年，其人犯死刑入狱。吕公始悔之曰："使当时稍与计较，送公家责治，可以小惩而大戒。吾当时只欲存心于厚，不谓养成其恶，以至于此。"此以善心而行恶事者也。

又有以恶心而行善事者。如某家大富，值岁荒，穷民白昼抢粟于市。告之县，县不理，穷民愈肆，遂私执而困辱之，众始定。不然，几乱矣。

故善者为正，恶者为偏，人皆知之。其以善心而行恶事者，正中偏也；以恶心而行善事者，偏中正也，不可不知也。

何谓半满？《易》曰："善不积，不足以成名；恶不积，不足以灭身。"《书》曰："商罪贯盈。"如贮物于器，勤而积之，则满；懈而不积，则不满。此一说也。

昔有某氏女入寺，欲施而无财，止有钱二文，捐而与之，主席者亲为忏悔。及后入宫富贵，携数千金入寺舍之，主僧惟令其徒回向而已。因问曰："吾前施钱二文，师亲为忏悔；今施数千金，而师不回向，何也？"曰："前者物虽薄，而施心甚真，非老僧亲忏，不足报德；今物虽厚，而施心不若前日之切，令人代忏足矣。"此千金为半，而二文为满也。

钟离授丹于吕祖，点铁为金，可以济世。吕问曰："终变否？"曰："五百年后，当复本质。"吕曰："如此则害五百年后人矣，吾不愿为也。"曰："修仙要积三千功行，汝此一言，三千功行已满矣。"此又一说也。

又为善而心不着善，则随所成就，皆得圆满。心着于善，虽终身勤励，止于半善而已。譬如以财济人，内不见己，外不见人，中不见所施之物，是谓三轮体空，是谓一心清净，则斗粟可以种无涯之福，一文可以消千劫之罪。倘此心未忘，虽黄金万镒，福不满也。此又一说也。

何谓大小？昔卫仲达为馆职，被摄至冥司，主者命吏呈善恶二录。比至，则恶录盈庭，其善录一轴，仅如箸而已。索秤称之，则盈庭者反轻，而如箸者反重。仲达曰："某年未四十，安得过恶如是多乎？"曰："一念不正即是，不待犯也。"因问轴中所书何事，曰："朝廷尝兴大工，修三山石桥，君上疏谏之，此疏稿也。"仲达曰："某虽言，朝廷不从，于事无补，而能有如是之力。"曰："朝廷虽不从，君之一念，已在万民；向使听从，善力更大矣。"故志在天下国家，则善虽少而大；苟在一身，虽多亦小。

何谓难易？先儒谓克己须从难克处克将去。夫子论为仁，亦曰先难。必如江西舒翁，舍二年仅得之束脩，代偿官银，而全人夫妇；与邯郸张翁，舍十年所积之钱，代完赎银，而活人妻子，皆所谓难舍处能舍也。如镇江靳翁，虽年老无子，不忍以幼女为妾，而还之邻，此难忍处能忍也。故天降之福亦厚。凡有财有势者，其立德皆易，易而不为，是为自暴。贫贱作福皆难，难而能为，斯可贵耳。

随缘济众，其类至繁，约言其纲，大约有十：第一，与人为善；第二，爱敬存心；第三，成人之美；第四，劝人为善；第五，救人危急；第六，兴建大利；第七，舍财作福；第八，护持正法；第九，敬重尊长；第十，爱惜物命。

何谓与人为善？昔舜在雷泽，见渔者皆取深潭厚泽，而老弱则渔于急流浅滩之中，恻然哀之，往而渔焉。见争者，皆匿其过而不谈；见有让者，则揄扬而取法之。期年，皆以深潭厚泽相让矣。夫以舜之明哲，岂不能出一言教众人哉？乃不以言教而以身转之，此良工苦心也！

吾辈处末世，勿以己之长而盖人，勿以己之善而形人，勿以己之多能而困人。收敛才智，若无若虚；见人过失，且涵容而掩覆之。一则令其可改，一则令其有所顾忌而不敢纵。见人有微长可取、小善可录，翻然舍己而从之，且为艳称而广述之。凡日用间，发一言，行一事，全不为自己起念，全是为物立则，此大人天下为公之度也。

何谓爱敬存心？君子与小人，就形迹观，常易相混，惟一点存心处，则善恶悬绝，判然如黑白之相反。故曰："君子所以异于人者，以其存心也。"君子所存之心，只是爱人敬人之心。盖人有亲疏贵贱，有智愚贤不肖，万品不齐，皆吾同胞，皆吾一体，孰非当敬爱者？爱敬众人，即是爱敬圣贤；能通众人之志，即是通圣贤之志。何者？圣贤之志，本欲斯世斯人，各得其所。吾合爱合敬，而安一世之人，即是为圣贤而安之也。

何谓成人之美？玉之在石，抵掷则瓦砾，追琢则圭璋。

故凡见人行一善事，或其人志可取而资可进，皆须诱掖而成就之。或为之奖借，或为之维持，或为白其诬而分其谤，务使之成立而后已。

大抵人各恶其非类，乡人之善者少，不善者多。善人在俗，亦难自立。且豪杰铮铮，不甚修形迹，多易指摘。故善事常易败，而善人常得谤。惟仁人长者，匡直而辅翼之，其功德最宏。

何谓劝人为善？生为人类，孰无良心？世路役役，最易没溺。凡与人相处，当方便提撕，开其迷惑。譬犹长夜大梦，而令之一觉；譬犹久陷烦恼，而拔之清凉：为惠最溥。韩愈云："一时劝人以口，百世劝人以书。"较之与人为善，虽有形迹，然对证发药，时有奇效，不可废也。失言失人，当反吾智。

何谓救人危急？患难颠沛，人所时有。偶一遇之，当如痌瘝之在身，速为解救。或以一言伸其屈抑，或以多方济其颠连。崔子曰："惠不在大，赴人之急可也。"盖仁人之言哉！

何谓兴建大利？小而一乡之内，大而一邑之中，凡有利益，最宜兴建。或开渠导水，或筑堤防患，或修桥梁以便行旅，或施茶饭以济饥渴。随缘劝导，协力兴修，勿避嫌疑，勿辞劳怨。

何谓舍财作福？释门万行，以布施为先。所谓布施者，只是"舍"之一字耳。达者内舍六根，外舍六尘，一切所有，无不舍者。苟非能然，先从财上布施。世人以衣食为命，故财为最重。吾从而舍之，内以破吾之悭，外以济人之急。始而勉强，终则泰然，最可以荡涤私情，祛除执吝。

何谓护持正法？法者，万世生灵之眼目也。不有正法，何以参赞天地？何以裁成万物？何以脱尘离缚？何以经世出世？故凡见圣贤庙貌、经书典籍，皆当敬重而修饬之。至于举扬正法，上报佛恩，尤当勉励。

何谓敬重尊长？家之父兄，国之君长，与凡年高、德高、位高、识高者，皆当加意奉事。在家而奉侍父母，使深爱婉容，柔声下气，习以成性，便是和气格天之本。出而事君，行一事，毋谓君不知而自恣也。刑一人，毋谓君不知而作威也。事君如天，古人格论，此等处最关阴德。试看忠孝之家，子孙未有不绵远而昌盛者，切须慎之。

何谓爱惜物命？凡人之所以为人者，惟此恻隐之心而已；求仁者求此，积德者积此。《周礼》："孟春之月，牺牲毋用牝。"孟子谓："君子远庖厨。"所以全吾恻隐之心也。故前辈有四不食之戒，谓闻杀不食、见杀不食、自养者不食、专为我杀者不食。学者未能断肉，且当从此戒之。

渐渐增进，慈心愈长。不特杀生当戒，蠢动含灵，皆为物命。求丝煮茧，锄地杀虫，念衣食之由来，皆杀彼以自活。故暴殄之孽，当与杀生等。至于手所误伤，足所误践者，不知其几，皆当委曲防之。古诗云："爱鼠常留饭，怜蛾不点灯。"何其仁也！

善行无穷，不能殚述。由此十事而推广之，则万德可备矣。

第四篇　谦德之效

《易》曰："天道亏盈而益谦，地道变盈而流谦，鬼神害盈而福谦，人道恶盈而好谦。"是故谦之一卦，六爻皆吉。《书》曰："满招损，谦受益。"予屡同诸公应试，每见寒士将达，必有一段谦光可掬。

辛未计偕，我嘉善同袍凡十人，惟丁敬宇宾，年最少，极其谦虚。予告费锦坡曰："此兄今年必第。"费曰："何以见之？"予曰："惟谦受福。兄看十人中，有恂恂款款、不敢先人，如敬宇者乎？有恭敬顺承、小心谦畏，如敬宇者乎？有受侮不答、闻谤不辩，如敬宇者乎？人能如此，即天地鬼神，犹将佑之，岂有不发者？"及开榜，丁果中式。

丁丑在京，与冯开之同处，见其虚己敛容，大变其幼年之习。李霁岩直谅益友，时面攻其非，但见其平怀顺受，未尝有一言相报。予告之曰："福有福始，祸有祸先。此心果谦，天必相之。兄今年决第矣。"已而果然。

赵裕峰光远，山东冠县人，童年举于乡，久不第。其父为嘉善三尹，随之任。慕钱明吾，而执文见之。明吾悉抹其文，赵不惟不怒，且心服而速改焉。明年，遂登第。

壬辰岁，予入觐，晤夏建所，见其人气虚意下，谦光逼人。归而告友人曰："凡天将发斯人也，未发其福，先发其慧。此慧一发，则浮者自实，肆者自敛。建所温良若此，天启之矣。"及开榜，果中式。

江阴张畏岩，积学工文，有声艺林。甲午，南京乡试，寓一寺中，揭晓无名，大骂试官，以为眛目。时有一道者，在傍微笑，张遽移怒道者。道者曰："相公文必不佳。"张益怒曰："汝不见我文，乌知不佳？"道者曰："闻作文，贵心气和平，今听公骂詈，不平甚矣，文安得工？"

张不觉屈服，因就而请教焉。道者曰："中全要命，命不该中，文虽工，无益也。须自己做个转变。"张曰：

"既是命，如何转变？"道者曰："造命者天，立命者我。力行善事，广积阴德，何福不可求哉？"张曰："我贫士，何能为？"道者曰："善事阴功，皆由心造。常存此心，功德无量。且如谦虚一节，并不费钱，你如何不自反而骂试官乎？"张由此折节自持，善日加修，德日加厚。

丁酉，梦至一高房，得试录一册，中多缺行。问旁人，曰："此今科试录。"问："何多缺名？"曰："科第阴间三年一考较，须积德无咎者，方有名。如前所缺，皆系旧该中式，因新有薄行而去之者也。"后指一行云："汝三年来，持身颇慎，或当补此，幸自爱。"是科果中一百五名。

由此观之，举头三尺，决有神明；趋吉避凶，断然由我。须使我存心制行，毫不得罪于天地鬼神，而虚心屈己，使天地鬼神时时怜我，方有受福之基。彼气盈者，必非远器，纵发亦无受用。稍有识见之士，必不忍自狭其量，而自拒其福也。况谦则受教有地，而取善无穷，尤修业者所必不可少者也。

古语云："有志于功名者，必得功名；有志于富贵者，必得富贵。"人之有志，如树之有根。立定此志，须念念谦虚，尘尘方便，自然感动天地，而造福由我。今之求登科第者，初未尝有真志，不过一时意兴耳。兴到则求，兴阑则止。

孟子曰："王之好乐甚，齐其庶几乎？"予于科名亦然。